U0193107

SMALL GARDENS

小尺度景观设计

（意）克里斯蒂娜·马祖凯利 主编 李婵 杨莉 译

辽宁科学技术出版社
·沈阳·

PREFACE
前言

从人类起源到今天，人类生活的环境特征发生了深刻的变化。

一方面，这一过程在很大程度上是由人类自己的行为决定的，人类不断地为其生存和扩张寻找最优的解决方案，也可能是因为人类具有影响居住环境并改变条件的能力。

另一方面，环境对人类的行为也做出了回应，自然的动态并不总是可预测的、可控的。

在人类与自然的互动游戏中，诞生了新的人造实体，如城市。人们越来越认为城市是最佳的居住地，尽管它与自然环境截然不同。显然，城市的成功表明，它们是尊重人类需求复杂性的制胜公式。

在造成这一现象的诸多因素中，有在农业革命后出现的就业机会，有利用新能源和粮食的可能性，有技术、基础设施和交通的发展，也有科学和医疗的进步。与此同时，这些因素都促进了人口的大规模增长。

然而，在我看来，在包装理想的居住地时，一些要素没有得到充分考虑，其中就包括人与自然景观之间的重要对话。

从这个假设中，我认为当代城市的一个主要限制是我们很少考虑人类进化史。我们忽略了一个构成幸福生活的基本元素：在自然角落的日常生活中，由植物构成的“口袋景观”至关重要，它会将我们与我们的起源和进化路线联系起来。

花园、露台、阳台、花坛、天井、庭院、公园，不管你怎么称呼它们，也不管它们究竟是什么，重要的是，它们就像一座桥，通往美丽而又充满各种机遇与可能的世界。我们从中走来，又归属于它——自然世界。

然而，在垂直增长的建筑密度中，当代城市往往只给自然环境一些分散的剩余空间（如果不是孤立的），因为水平维度已经趋于饱和。

无论如何，我认为，重新与自然联系的渴望虽然平淡，但是对现代人十分必要。因此，把绿色空间移动到高处，使人们与自然相伴，已成为一种趋势。小花园和露台诠释了这种重要需求，也反映了城市居民的典型要求。这些“微景观”把大自然的碎片带到了城市居民的日常生活中。

在建筑物的中心打造绿色景观时，我力求将功能需求、美观和自然结合起来，从而创造出可用、友好而和谐的环境，让植物环绕着人们，又不显压迫。人们在这些框架中，自然地进行日常生活，如吃饭、放松或与朋友聊天。

在从事花园和景观设计之前，我作为一名生物学家在神经生物学研究领域花了很长时间，过去的经验极大地影响了我当前的设计方式。

事实上，在所有项目中，我都尽量考虑人类生理方面对绿色景观的感知。

在创造新项目时，时刻不忘自然景观元素能够给予审美和精神上的快乐，是十分重要的。线条的趋势、虚实空间的平衡、颜色与纹理的混合都能取悦我们的感知，并给人带来成就感。因此，有意识地反复使用这些元素，甚至以不同的形式减弱它们，是一种成功的策略。

我认为，在观察自然栖息地时，倾听、识别并分析当时产生的感觉是创造高质量景观和园林设计的好方法，这能识别自然栖息地的动态，并有效地再现由此产生的积极感觉。

在这方面，我发现了一些特别的视角：人类对绿色以及由一定比例或特定颜色组合产生的和谐的视觉反应。

众所周知，绿色与平静的状态相关联。

这种能力如此强大，以至于最近它被重新评估，对治疗方案、愈合过程和控制病理条件有着重要贡献，特别在神经学方面。在医院里，越来越多的“治愈花园”被用作辅助手段，还有一些东方特色疗法，比如“森林沐浴”（来自日本），或者把绿色广泛应用于色度治疗中。

为什么绿色能给人幸福的感觉呢?

我认为主要的原因是在所有可见的颜色中，绿色是我们最优感知的那个。

我们的大脑更好地整合出一个彩色信息的波长，这要归功于在进化过程中在我们眼睛里产生的一些非常有效的神经细胞。

叶绿素是光合作用过程中的关键色素，它为植被提供了一种典型的绿色，是人类进化中最具代表性的自然颜色。 数千年来，我们的祖先不仅要生活，还要适应森林。

人类进化图

在这种情况下，良好的视力是必需品，它让人们可以捕猎，而不是成为猎物。

因此，作为一个生存问题，我们的眼睛在绿色中形成了一个视觉高峰，并且能够感知到这种颜色的细微差别，这并不是偶然的。

事实上，人的光感受器，特别是视锥（眼睛视网膜内的特殊细胞），在与绿色对应的发光波长内显示出了最大性能。

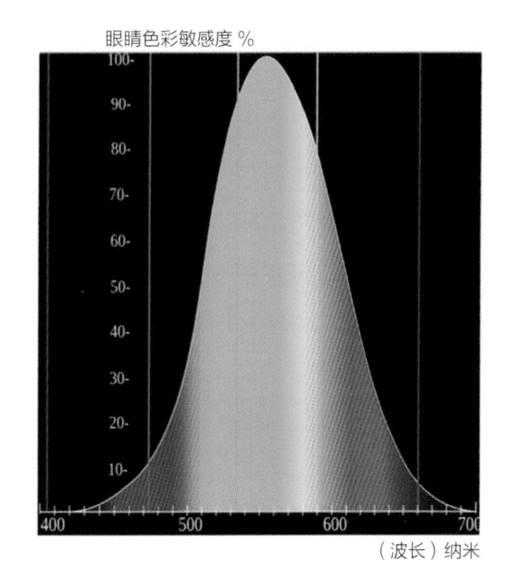

光感图

这种高度完善的生理感知能力让我们的大脑能轻松地处理与这种颜色相关的信息。 总之，大脑能让我们轻松地识别出周围环境中所有的绿色色调。

大脑的工作等级越低，消耗的能量就越少，优势就越大，然后信息被我们的大脑传递并转化为幸福感。

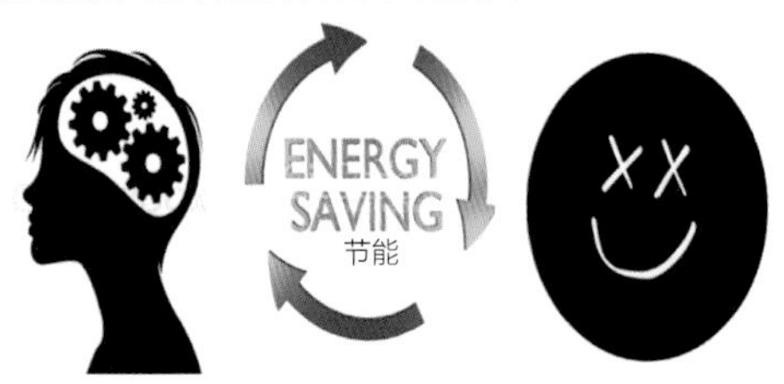

大脑能量消耗

事实上，出于节能的简单原因，我认为我们的大脑的构造方式是：在解释某一特定情况时付出的努力越少，没有识别出危险元素，大脑越会把该情况与优势相关联，从而产生愉悦的反应。因此，平静和健康的感觉都与绿色相关。

我相信类似的机制也适于自然中具有广泛和高度代表性的视觉识别。

事实上，自从人类起源，一些比例是反复出现的，我想是因为它们保证了结构和功能的成功，其中包括众所周知的黄金分割。 它还与广泛存在的其他数学关系密切相关，例如斐波那契数列或对称法则。

对称

在许多情况下，这些比例与它们在自然界中的有效性之间的联系是明确的：例如叶序，植物叶片以斐波那契数列的形式分布在茎上，以获得最多的太阳光线，避免各个叶片将阴影投射在下方的叶片上。

在自然界中，一些空间比例在进化中被证明是特别成功的，无论是在无生命的世界中，如在原子、分子或晶体中，还是在生物世界中，如病毒、细菌、藻类、植物、无脊椎动物和脊椎动物。

冰晶、有孔虫、蒲公英种子、孔雀尾巴

人脑的几何和数学语言在进化中发挥了关键作用，确保了人类成功破译周边空间的特征，即实现了从外部向人体内部的转化。

就好像某些比例能够在我们的大脑中激活一个积极的反应，产生一种令人愉快和可喜的审美感觉。

事实上，许多数学公式，如黄金分割，严格地与美的概念和它们所产生的良好共鸣（和谐）联系在一起。

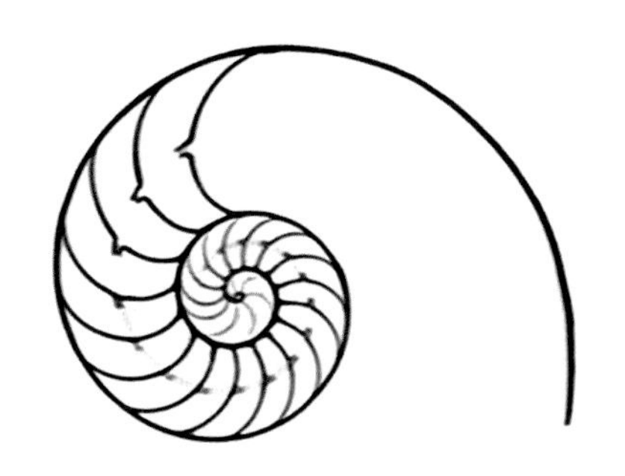

鹦鹉螺剖面图和从下方仰视的楼梯

这些关系是由于颜色激发情感的能力而引起的。因此，颜色不是简单的生理感觉，而是感官和大脑精心联系的结果。在我们的栖息地内，它们对情绪与推理、情感与智力之间的有效对话起到了至关重要的作用。

例如，黄蜂身体的黄色和黑色条纹被认为是颜色的对比，但更重要的是，它们在我们身上引起了一种预警反应，让人逃避或不动。

从光和颜色到调节情绪和行动的能力，是我们在生活环境中的优势。此外，如果色彩的组合是有益的，它们还能诱导人产生愉快的感觉：在这种情况下，我们称之为色彩和谐。

我发现颜色和比例类似，有一些确定的关系，当它们遵循一些特定的几何代数法则时，能保证我们的感知系统产生积极的共鸣，既深刻，又迷人。

由于颜色能够触碰和改造人的灵魂，画家瓦西里 · 康定斯基把它们比作音符，能够用不同的心理效应创造旋律。

我认为，一个比例越多地被我们的眼睛识别，就越容易被我们的大脑处理，也就越与一种快乐的感觉以及美与和谐的概念联系在一起，这可能是根据类似于绿色触发的生理动力学，意味着大脑的节能功能。

同样的推理也适于特定的颜色组合。

我们的视觉能够捕捉颜色，视觉的进化是为了在某一自然栖息地生存下来，而不是为了审美享受：这是结果，而非原因。

祖先的经历在某些颜色和物体或情境之间建立了特定的关系：

丹桑提厄伯公园和谐的植物组合：克里斯蒂娜 · 马祖凯利设计的项目

总之，当我设计和创造“口袋景观”时，我力求把自然界的碎片带到人类内部。它们不是简单产生绿色景点的植物集群，相反，它们是由植物构成的场景，不仅能够唤醒一种迷恋和属于自然的感觉，而且能够提供人类生产活动所需的休息和补给。

因此，我相信，了解人类感知和幸福的生理机制，会有助于绿色空间项目的设计。即使是最小的绿色空间，也能满足我们的感官，营造幸福感，让我们更加热爱生命。

回到我的工作方式，当我接触一个新项目时，为了确定设计方向，第一步就是走访项目的所在空间。

我让这个新环境以一种无声的语言对我诉说，我用眼睛和身体去探索它，去感受和感知它的特点，从而试图辨别它的优势和弱势。

简而言之，我力求抓住这个场所的精神。

每个人都能识别不同的特殊元素，然而，对我来说，不同之处在于一些典型的敏感能够与自然界对话。

我相信，让自己被从自己内心自发产生的感觉引导至关重要：识别这些感觉，欢迎它们，并将它们转化为现实，都是创造一个能够传递积极情绪的绿色场景的基本要素，这些情绪可以被广泛和普遍地感知和分享。

正是大自然本身牵着你的手，陪伴着你；让自己被引导，倾听它。

在第一阶段后，我的想象力为客户要求的所有功能环境分配了位置，如果没有要求，我就先给最常见的理想环境分配位置：依不同的偏好，从就餐区到生活区，从冥想角到凝视星辰或种植蔬菜的空间。

通常，在定义空间的作用时，虽然空间有限，但是客户的幻想往往天马行空，就好像他们可以把心中向往的所有仙境转化为现实。

恰恰相反，重要的是要正确地调整虚实空间、有特定目的的区域、尚未定义的区域，并用于目光移动探索休息的区域。

通常，最终的项目布局不仅与客户的要求一致，而且还尊重体量、比例和色彩平衡：这些元素必须合作才能创造出令我双眼满意的和谐画卷。 在项目成为现实时，这种方式通常能确保良好的效果。

我所选的植物最初是由我想赋予空间的节奏决定的，区分元素为植物的最终尺寸、形状、结构和其他宏观因素。直到最后，我才给出具体的植物名称并选择植物，我喜欢亲自到苗圃选择植物。

在任何情况下，黄金法则是“在对的地方用对的植物”，必须尊重并满足植物自身的特色。

尤其重要的是要知道植物的地理起源以及它在进化史上适应的栖息地。 重塑那些环境条件能保证植物的最佳生长状态和长期效果。

例如，一种在原始环境中主要生长在阳光直射下的植物，它发展出了各种生物策略，使自己能够在非常明亮的地方茁壮成长；然而，它会在阴暗的角落死去，因为还没有准备好从生理的角度面对这种情况。

因此，只有审美和情感标准对做出正确的选择毫无帮助。

总之，无论是设计绿色空间布局，还是选择植物，我相信获得好结果的最佳策略是倾听大自然的建议和教导：通过体验空间在日常生活中享受和思考。这重新点燃了连接到大自然的乐趣，我们有时似乎不再对此感兴趣，但我认为这仍然是我们幸福的首要要求。

喜阳植物和喜阴植物：向日葵和蕨类

关注我们的情绪，并且通过增加我们对支配人类和植物的生理机制和规则的了解，都可能实现。

本书所呈现的项目体现了我的愿望：创造充满和谐的宜居环境，

克里斯蒂娜·马祖凯利
CM 绿色设计
意大利米兰市瓦伦蒂诺帕西尼路 4 号
www.cristinamazzucchelli.com
电话：+39 335 485336
邮箱：greendesign@cristinamazzucchelli.com
INSTAGRAM: cristina_mazzucchelli

CONTENTS
目录

PRIVATE GARDENS 私家庭院花园

014

如何充分利用小花园的空间
萨夏·麦克雷（Sacha McCrae）——生活花园景观设计

021

具有质感而又温暖的休闲放松空间

027

充满活力与自然气息的红色露台花园

035

具有东方禅意的意大利露台花园

具有现代气息的可爱风格小前院

051

典雅的现代风格花园

059

为家人和朋友欢聚打造的休闲小花园

069

充满欢乐的多功能户外活动空间

079

充满私密性和独特性的静谧小花园

089

采用低维护植物打造舒适小庭院

097

利用丰富植物打造的具有现代气息的艺术花园

109

利用本土植物打造现代复古风格庭院

123

结合现代材料和传统种植模式的英国经典花园

135

伦敦北部具有异域风情的山地花园

149

利用多种元素与耐旱植物打造现代地中海风格庭院

163

利用植物色彩搭配打造具有海洋气息的娱乐性花园

PUBLIC GARDENS 公共空间花园

178

浅谈小花园设计
史蒂夫 · 泰勒——COS 设计公司首席设计师兼项目经理

182

花园设计的灵感来源与设计技巧
罗伯托 · 席尔瓦——席尔瓦景观设计公司

185

美丽而充满律动的办公花园

193

让人心境平和的日式庭院

199

充满欢乐气息的低维护屋顶花园

209

利用树与桌的结合打造户外学习交流空间

219

日式风格的私人会所庭院设计

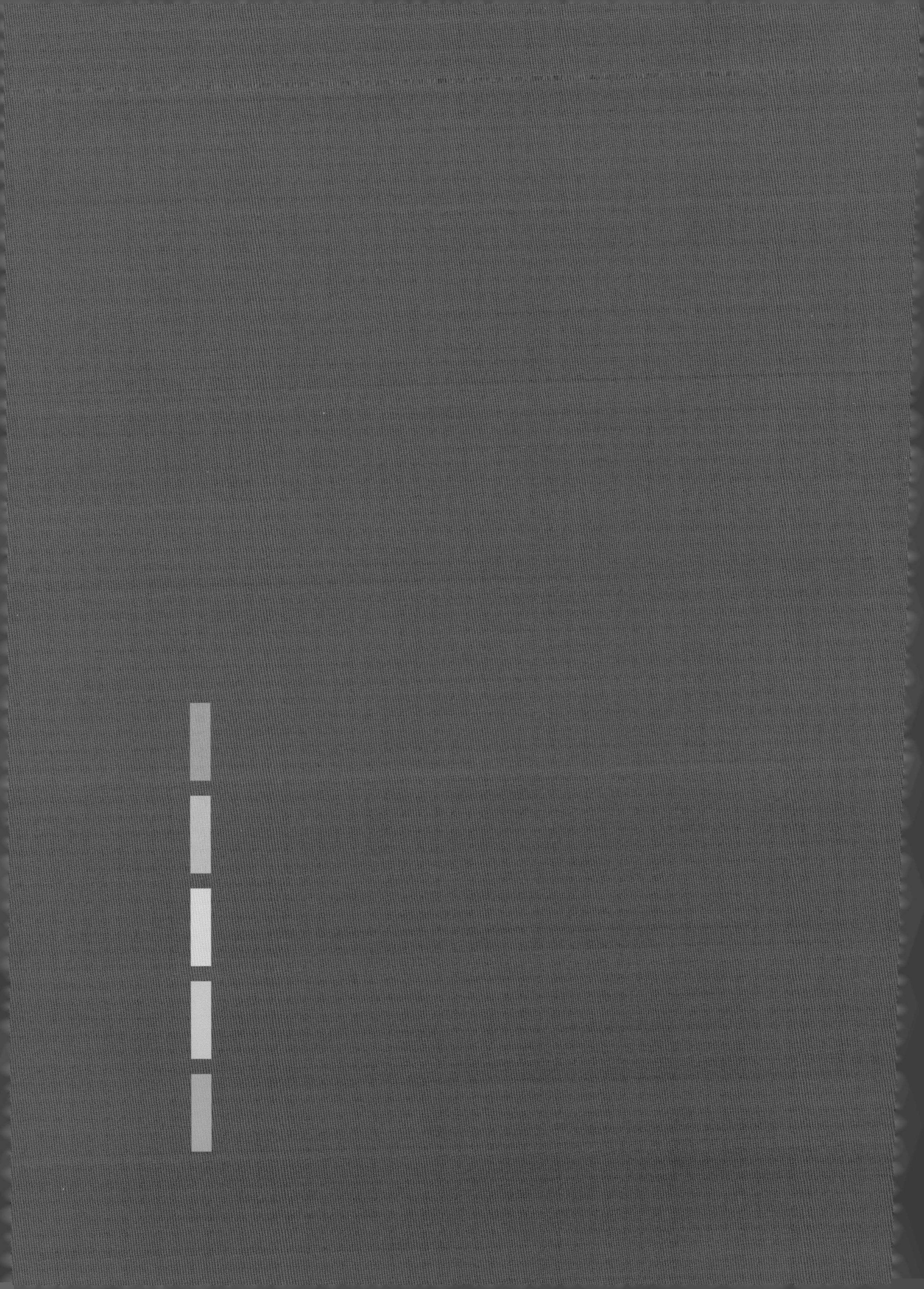

PRIVATE GARDENS

私家庭院花园

如何充分利用小花园的空间

萨夏 · 麦克雷（Sacha McCrae）——生活花园景观设计

小空间的花园设计对于设计师来说，既是机遇，也是挑战。只要你充分发挥想象力并仔细规划，就可以创造一个集聚各种功能的休闲空间，可以选择和家人或朋友在这里聚会，也可以选择一个人在这里悠闲地看书。

开始设计

制作一个情绪板，将你所有的灵感和愿望清单都列在上面，并且要定期回顾一下，确保自己保持正确的方向。具体包括：硬景观饰面、植物、家具和各种配件。仔细斟酌并确保色彩搭配与你房屋的室内装饰风格保持一致。

情绪板示例

空间规划

在对小空间进行规划设计时，首先要做的是精确的测量，这非常重要，因为每平方米的空间都是至关重要的。当你开始施工时，即使是几厘米的误差，也可能会造成成本增加或时间上的浪费。精确的测量还有利于你或承包商准确地预算成本，并采购数量正确的材料。在整个空间中慢慢地测量，并记下所有测量值，包括门窗、边界墙、栅栏、大门、排水沟和其他公共设施，还有一些原有的设施元素（例如，你想保留的树木、排水管和落水管等）。

同时要留意房屋的朝向、太阳照射的方向，每一个区域在不同的时间是否有阳光照射。

你需要

准备方格纸、剪贴板、铅笔、橡皮、卷尺、取土壤样本用的小铲子、压力计、照相机等，如果有坡度，还需要水平仪等。

检查地面是否平坦，或者是否有层级变化，这是非常重要的。利用几根木桩、细绳、水平仪和卷尺，就可以确定这块地的坡度变化。如果你没有测量经验，最好找人来帮助你一起测量。

在施工之前拍摄一些照片，可以全方位展示原来的情景和元素。在项目施工完成后，你可能想回顾一下改造之前的照片，做一下对比。

认真考虑你家的设计风格——是地中海风格、别墅风格，还是现代风格？你喜欢英式庭院吗？在你所处地域的气候条件下可以实现吗？

思考一下是否还有其他问题需要解决。例如，是否存在噪声问题和隐私问题？花园里是不是太热了？是不是有持续的强风吹来？从哪个房间看向花园的风景最好？花点时间慢慢研究这块地，这将对之后的设计有很大的帮助。

硬景观与花园特色

想让自己的花园容纳所有的景观元素（围炉、喷泉、长椅、陶器和树木等）是一个不错的想法，但是要确保你有足够的空间。别忘了设计可以连通各个空间，并仔细观察从一个区域到另一个区域的流动动线。

可以尝试几种不同的布局方式，看看哪种效果最好。想象一下你自己在每个空间里的情景，你将如何通过这个空间。想想谁会使用这个空间？你想在那里做什么？你想容纳多少人？设计的过程需要多花些时间，不要匆匆忙忙地完成。仔细思考每种布局方式的优缺点，还要考虑谁来维护这个花园以及维护费用的问题。你自己喜欢园艺吗？每周能花多少时间在花园维护上呢？如果你想要一个免维护或者低维护的花园，而你所在区域的气候条件也允许，可以选择种植多肉植物，因为多肉植物真的只需要低维护，它们需要少量的水就可以存活。

如果你的花园空间很小，可以选择一些具有多功能用途的设施和元素。例如，可以选择一个带内置收纳空间的长凳，可以将一些工具、软管或者不用的抱枕放在里面；可以利用可拆卸的木板将围炉迅速转换成咖啡桌；还可以采用下拉式桌子，在准备吃饭的时候可以很容易地安装在一面空白的墙壁上，饭后又可以将其收藏起来；户外厨房区可以选择带悬臂结构的操作台面，椅子在不用的时候可以放在台面下方。

围炉而坐是凉爽夜晚的一个不错的选择，围炉适合任何规模的花园。我们看到下面这个壁炉非常适合狭窄的院子。

石砌壁炉

小鸟戏水池

户外厨房区可以是一个只有小型便携式烧烤架的区域，也可以是一个配有冰箱、制冰机、垃圾桶、比萨烤箱和储藏室的大型户外厨房区。在厨房区可以设置小型烧烤台面，利用灰泥饰面。

喷泉装置可以给花园增添趣味，适合各种大小的花园，可以独立存在，也可以设置在墙边。在左图中我们看到的是一个独立的小鸟戏水池，喷涌出来的气泡可以将小鸟吸引到花园里。

蔬菜园需要有充足的阳光，而树荫下的空地则是适合看书的好场所。

一旦你决定了花园中所要包含的各种元素，就可以开始规划设计了。你可以在一张纸上将这些元素都列出来，也可以使用某种景观设计软件。采用薄纸覆盖是一种很好的方式，它可以让你尝试多种不同的方案，而不需要制作出很多规划图。切记曲线风格的设计会让人感觉比较传统，而直线性设计更显现代。

要保持简单！不要试图在一个空间里容纳太多不同的元素，这样可能会让人感到太拥挤。

选择材料

根据你选择的花园用途和风格来选择材料。可以去当地的建材商那里看看可选用的本土材料，这对你会有帮助。例如，在座椅区或者瑜伽区就应选择木制甲板铺装，如果瑜伽垫下面是砾石铺装就会很不舒服了。

风化花岗岩具有现代美，而石板或砖则给人一种更传统的感觉。混凝土和砾石是比较弹性的材料，在大多数设计中，无论是在现代花园或传统花园中，还是在法式花园或英式花园中，都会使用这两种材料。木制甲板可由实木木板或合成木板制成。安装实木甲板时应注意要高于土壤 15 厘米，这样可以延长使用寿命。如果花园离海边很近，则应选择合成木板或者一些耐腐蚀的硬木。

一旦确定了花园的布局和各种元素特征，下一步就需要选择合适的乔木、灌木和地被植物。

种植区的缝隙

卵石铺装的缝隙

排水

观察下雨时容易积水的地方，你可能需要在这些地方增加排水系统。考虑一下落水管是通到街上，还是通到种植区。最重要的是，在设计时要注意让雨水远离房子。

种植区的缝隙和卵石铺装的缝隙都有利于让雨水渗透到土壤里，避免采用其他排水系统。

灌溉

植物的 90% 是由水构成的。水对于许多植物的功能（包括光合作用）来讲是必不可少的，因此确保植物能够获得充足的水分是至关重要的。如果你生活的区域气候干燥，可能就需要安装一个灌溉系统。滴灌是一种很好的低维护灌溉系统，安装方便，还可以减少杂草丛生。在安装灌溉系统之前，要先了解土壤的类型。水在黏土中容易扩散，而在沙土中则直接下沉。如果你给黏土浇水太快，水就会流失，无法渗透到土壤中，无法渗透到植物的根部。如果你所在的地区刚经历了强降雨，要等土壤变干后再种植，植物就不会被水浸泡了。

如果你已经有灌溉系统了，就要根据灌溉系统调整你的植物配置，看看哪里是潮湿的区域，哪里有枯萎的植物，然后根据需要增添新的植物。雨水和土壤湿度传感器可以根据天气和土壤湿度自动控制灌溉系统的开关，这样可以节约用电。

无论你安装了哪种灌溉系统，或者采用人工浇水，都需要定期监测你的植物，特别是在种植之后最初的几周，定期检查它们是否有什么问题。植物长势良好，就可以减少浇水量。了解你的植物才能准确地辨别出问题所在，确定什么时候浇水过量，什么时候浇水不足。

种植

健康的土壤中充满了各种生命，包括细菌、线虫、真菌和原生动物。它们为土壤和植物提供养分，并帮助植物吸收水分。土壤中包含有机质、水和氧气，这些都是植物生长所必需的元素。健康的土壤能培育出健康的植物，减少杂草，减少对化肥和杀虫剂的需求，所以在种植植物之前先确保土壤肥沃是非常重要的。如果你不确定土壤的类型，可以先做一个土壤检测，或者与当地的土壤专家联系，对土壤进行修复，使其达到最好的状态。

注意你所在区域的气候情况，可以去当地的苗圃看看最适合当地气候的植物。如果你在一个炎热干燥的地区，要选择英式花园就不太合适。避免使用非本土植物，适应当地气候的植物才是最好的。它们会将各种鸟、蜜蜂和蝴蝶吸引到你的花园，为本地的生物提供栖息地，保证生物多样性。

检查一下原有的植物是否有需要保留的，看看它们的生长状态是否良好，是否有病虫害问题。

在花园中是否存在影响植物生长的微气候情况？例如，哪些区域阳光充足、通风良好？哪些区域差一些？

在为小花园设计植物时最好选择一个简单的配置，然后重复使用这些植物。在一个郁郁葱葱的花园里，可以尝试使用很多绿色植物，然后加入少量其他色彩的植物，看下图的示例，就是在绿色灌木丛中夹杂了一些开白色花的植物。记住要在种植床的后面种植高的植物，在前面种植一些较矮的植物。采用 3~5 种植物形成一个种植群落是最佳的配置。

可以在花岗岩或砾石缝隙中种植低维护的植物，营造低维护花园的氛围。将灌溉管道隐藏在下面。

要将需水量差不多的灌木配置在一起，这样可以避免浇水过度或者浇水不足。

在小空间中采用垂直绿墙是一个很好的方式，这样可以节约很多空间。

繁茂的绿植

低维护花园

垂直绿墙

混凝土上的花盆

吊灯

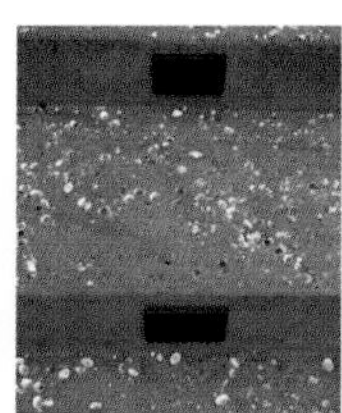

台阶灯

灯串

装饰

可以利用靠垫和陶器来增加花园的趣味性。你可以利用这些元素来为花园增添色彩和乐趣!

你是想让自己的花园更加现代，还是更加传统呢? 橙色和其他橙色系颜色都可以让花园更显现代，而黑色、白色和灰色会让人感觉更加阳刚。还可以用粉色的靠垫和天然木材营造一种波西米亚风格。

选择一种你喜欢的颜色，或者选择与室内装饰相同的颜色，可以营造一种室内外的统一性和连续性。

如果情况允许，可以在空间里加一块地毯，它是一种令人感到舒适和放松的元素，并可以划分休息区的界线。

陶器的颜色有很多选择，如果想让你的花园具有海滨风情，则可以选择水绿色和白色。而如果想让空间更具现代感，则可以选择黑色陶器和浅色的装置。在左上图中，在大门两侧使用了天然混凝土容器，使设计更具有现代感。

可以在花园中添加一些装饰性元素，让你的花园更加与众不同——可以是一面镜子（确保不会受到阳光直射）、一件艺术品或者一座雕像。

景观照明

下行灯、上行灯、通道灯、踏板灯、水下灯和吊灯，这些只是市面上众多景观灯中的一小部分。许多灯具都是可调光的，可以为你的空间烘托气氛，增添温馨的感觉。还可以利用灯光来突出花园的特点，比如花草植物或者树木。灯光也可以用来提高家周围的安全性，阻止入侵者，确保夜间你在花园里活动的安全性。

低压系统比电线装置更安全，也更容易安装。LED 灯产热少，耗电量低，虽然前期投入的成本较高，但寿命较长。注意一定不要让灯光直接照射邻居的房子。

最后还要记住，要让你的设计整体风格保持一致，室内外的装饰风格协调统一。要认真选择每一种特色的元素，细心装饰，没有必要浪费，因为你只有一个小空间。

具有质感而又温暖的
休闲放松空间

项目名称： 尔湾小庭院
项目地点： 美国，加利福尼亚州，尔湾
项目面积： 14 平方米

景观设计： 生活花园景观设计
设计师： 萨夏 · 麦克雷（Sacha McCrae）
摄影师： 萨夏 · 麦克雷（Sacha McCrae）

设计理念

这是一座新建的房子，院子完全是一片空地。我们的客户希望设置一个休息区域，让他们一家人在这里一起享受户外时光。这里可以看作室内生活区的一个延伸，他们可以围坐在一起享受凉爽的夜晚。

空间非常紧凑，为了节省空间，我们设计了一个白色的内置长凳，表面以光滑的水泥饰面，上面采用重蚁木木板作为盖子，长凳盖子可以向上提起，盖子下面可以作为储物空间，用来放一些抱枕和垫子，也可以根据使用需求进行收纳。对于这个空间来说，采用重蚁木木板是很好的选择，因为不容易招白蚁，又耐腐防霉。木板很重，所以我们又安装了液压装置，方便提拉。

植物配置平面图
1. 种植区域的滴灌系统
2. 围炉装置下面种植植物的缝隙
3. 控制阀门

硬景观平面图
1. 木制长凳的盖子，打开后下面可以作为收纳空间
2. 缝隙
3. 控制阀门
4. 边界墙
5. 邻居住宅的墙
6. 灌溉和排水区
7. 围炉装置的白色水泥饰面
8. 混凝土砖铺装
9. 弯曲的矮墙
10. 除屑筛
11. 原有大门
12. 原有墙壁
13. 原有小路

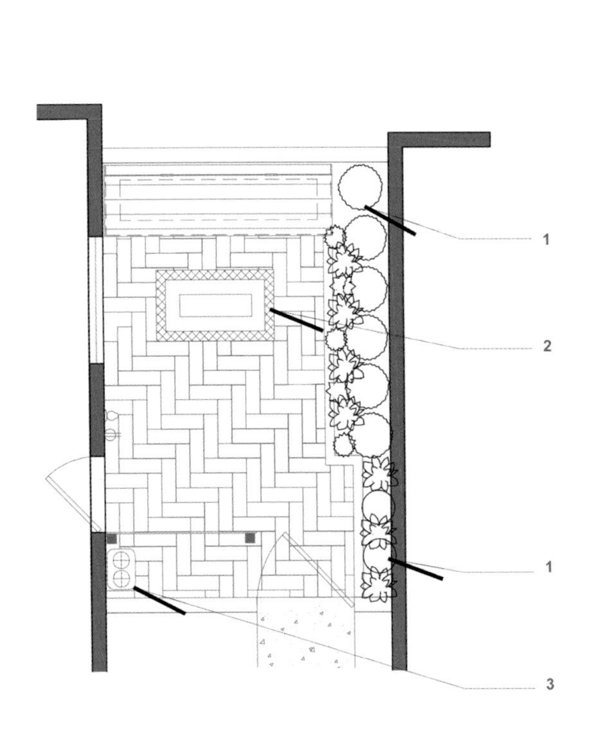

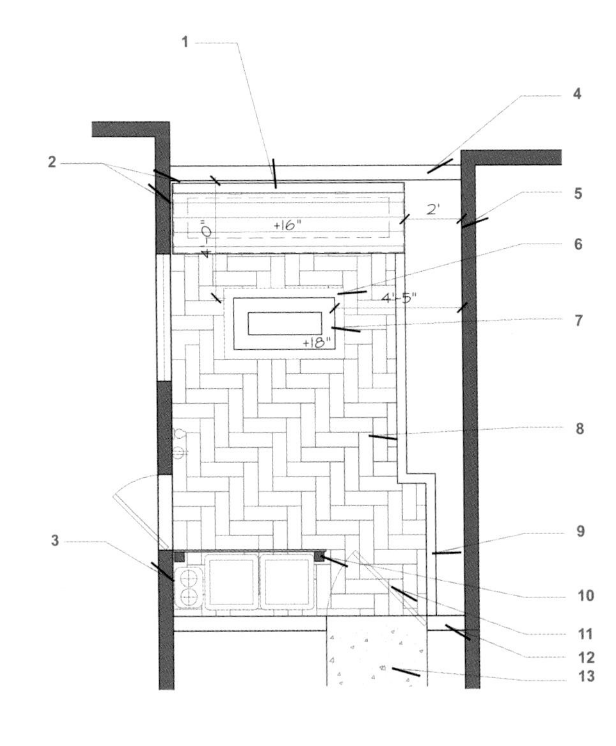

▲ 定制的白色长凳，采用重蚁木木板作为盖子；盖上重蚁木木板，围炉装置转换为咖啡桌。

定制的围炉装置，可以快速地让这个小空间升温。▶

主要植物列表

主要植物
翠叶芦荟
大叶莲花掌
多肉晚霞
阔叶麦冬
石莲花
蓝羊茅伊利亚

长凳和围炉装置细部图
1. 块结构长凳
2. 可以打开的重蚁木长凳盖子
3. 建筑燃气消防井
4. 在围炉装置底部种植绿色植物的缝隙
5. 种植绿色植物
6. 矮墙
7. 住宅
8. 邻居住宅
9. 必要时降低路缘墙，形成水平坡度

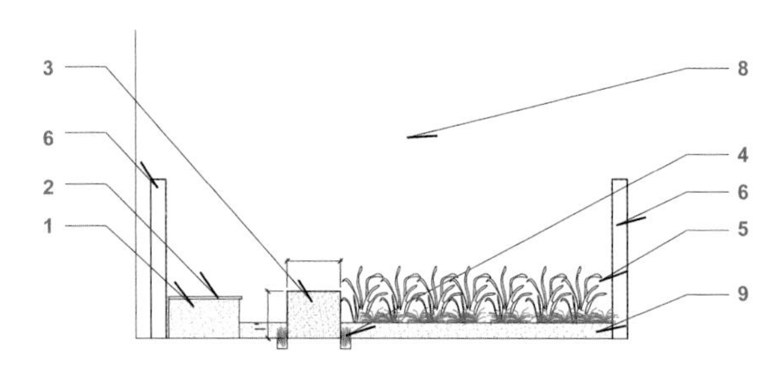

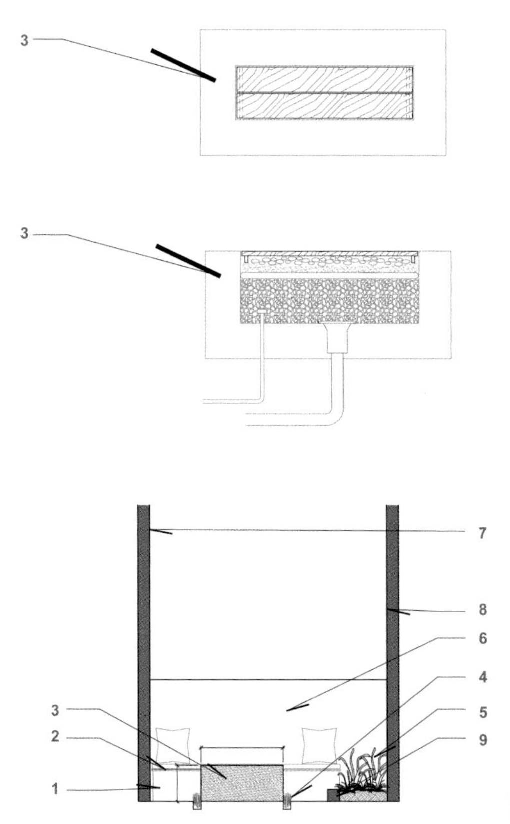

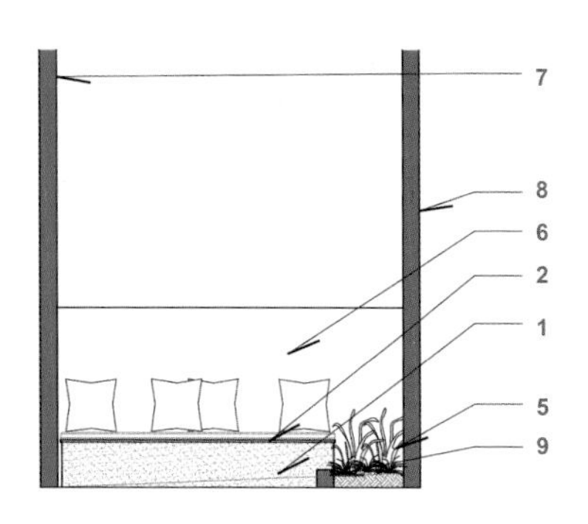

在围炉装置底部种植的多肉植物。▶

围炉装置采用了光滑的白色水泥饰面，这个装置可以快速加热小空间，在不使用时，可以用木板盖上，转换为咖啡桌。这是一个非常灵活的空间，既可以在这里用餐，又可以在这里休息聊天。

地面采用了混凝土砖交叉缝式铺装，采用白色美缝，突出图案的美感，使其与围炉装置和相邻的长凳形成一种和谐的统一。

种植空间有限，所以我们在围炉装置底部的缝隙种上了绿色的多肉植物，使硬景观显得柔和。我们还在邻近的墙上种植了各种低维护的绿色植物。简单的绿色植物创造了一种郁郁葱葱的感觉，并与白色水泥饰面和混凝土砖铺装形成巨大反差，更具特色。

厚厚的白色长凳坐垫让人感觉更加舒适放松，抱枕采用了中性色调和柔软的材质，看起来很有质感。我们的目标是创造一个具有丰富质感的，而又让人感到温暖的休闲空间。

充满活力与自然气息的红色露台花园

项目名称：典雅的屋顶露台
项目地点：意大利，米兰
项目面积：30 平方米

景观设计：CM 绿色设计
设计师：克里斯蒂娜·马祖凯利（Cristina Mazzucchelli）
摄影师：克里斯蒂娜·马祖凯利（Cristina Mazzucchelli）

设计理念

这个小露台隐藏在米兰市中心一个优雅小区的屋顶上，这个宝贵的户外空间是客厅的延伸，家人们可以在这里放松身心，也可以拿起一本喜欢的书来读。

大大的落地窗将室内外空间隔开，同时可以保持两种环境间的视觉交流，没有任何障碍。所以即使在室内，也仿佛沉浸在郁郁葱葱的花园里。

在这个场景中，利用线条的设计使空间划分更加清晰，植物不是唯一的装饰元素，但是占据了很大的空间，创造了一个郁郁葱葱的背景。

为了遮挡周围屋顶上一些碍眼的杂物，在小露台边缘种植了一排常绿植物和落叶植物，经过修剪呈现平行六面体的造型。

露台上存在两个问题需要解决，一个是难看的边界墙，另外一个就是在正中央有一个高大的烟囱。通过设计将这两处隐藏起来，将限制变成了机会。

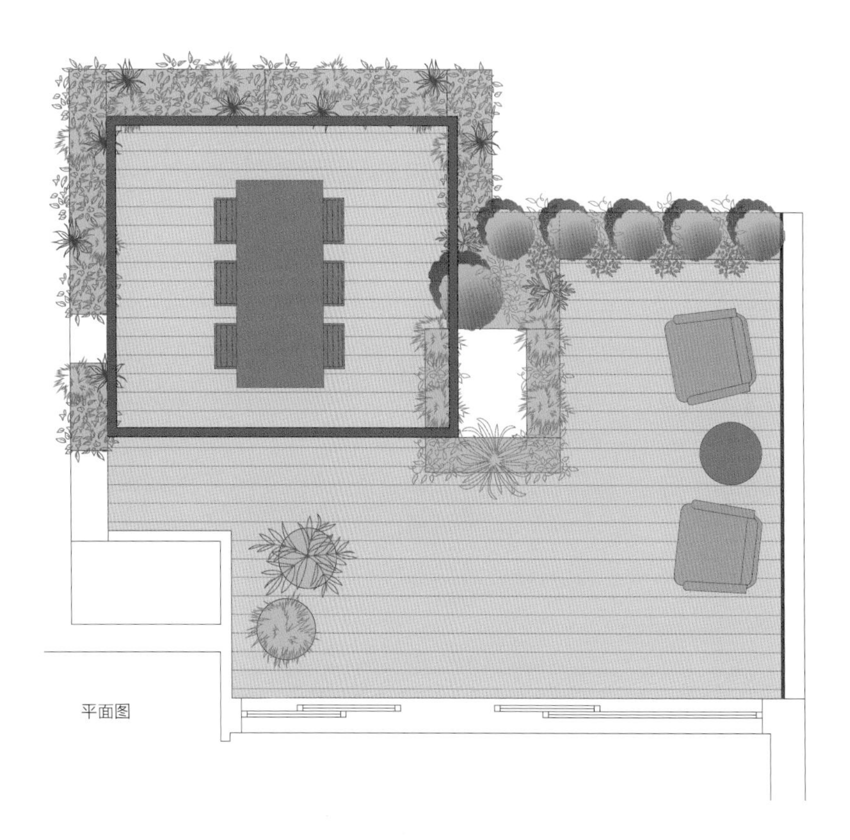

平面图

▲ 用一块穿孔的漆红色铝板将一堵旧的边界墙完全覆盖起来，使其成为一个新的焦点和完美的背景，与前面种植的郁郁葱葱的植被，形成了完美的色彩对比。

将漆红色铝板区划定为休息区：形成了一个完美的背景，业主可以根据自己的喜好摆放不同的艺术品或雕塑，进行装饰并活跃这里的氛围。▶

在与邻居家的隔墙上用一块穿孔的喷漆铝板完全覆盖，这种设计营造了一个不同寻常的环境氛围。事实上，这个隔墙不仅可以遮挡墙壁，同时也是一个优雅的背景墙，可以在这里上演不同的故事。

红色带有强烈的时代印记，是非常引人注目的，它与绿色的树叶和不断变化的花的颜色形成强烈对比，同时构成了一个展示艺术作品或雕塑的背景板，美化和活跃了空间环境，彰显了客户的热情。在一天中的不同时间里，投射在它表面的阴影在不断地变化，形成了一个动态的影像。

另外，利用一系列定制的金属花盆将烟囱包围起来，起到隐藏的效果。在花盆里种植了一些攀缘植物，它们向上攀爬，形成一个绿色的柱子；还种植了一些比较粗犷的植物，如古老的结香，它们蜿蜒向上，非常优雅，可以将人们的注意力从烟囱上转移开。而且，这些植物很不同寻常，它们在冬天表现得最好，会像烟花一样绽放出金色的花朵，并且会散发芳香。

在餐饮区，打造了一个几何形状的开放式凉棚，上面爬满了攀缘植物，起到遮阴的效果。整个空间被植物包围，创造了一个轻松愉快的私密空间。▼

遮掩烟囱的花盆区形成了天然的分割线，将小露台分为两个不同的区域：一个是舒适的现代风格的座椅区；另外一个是餐饮区，摆放了一张大桌子，家人们可以选择在户外用餐。餐桌的玻璃板可以反射天空的景象，创造一种有趣的光影效果。

我们特意在桌子的上方设计了一个线条粗犷且没有覆盖物的凉棚，其作用不是遮阴，因为这个小露台的朝向不需要，而是起到了限定空间和供植物攀爬的作用。像三叶木通等攀缘植物，具有轻而透明的叶子，与金属结构相结合，体现了一种有生命物和无生命物的完美结合。

为了创造一种连续性和视觉的连贯性，不仅在地面铺设了灰色的木板，花盆也采用了同样的木板。

▼ 餐桌上覆盖着一块玻璃板，反射了天空和植被的景象，形成了一幅不断变化的画面。四周环绕着的白色花朵和斑驳的绿叶，形成一个非常繁茂的景象。

主要植物列表

欧洲鹅耳枥
半立柳瓦苇
阿斯科特彩虹大戟
小蔓长春花
野扇花
紫薇
刺黄柏
金叶苔草
中华绣线菊
非洲百合
络石藤
结香
天竺葵
异叶海桐花
圆锥绣球
三叶木通
华山铁线莲
山茶花
红花檵木
顶花板凳果
海桐

▲ 植物选择通常是为了与附近的元素形成视觉上的联系。例如，艺术面板的底色与紫薇的红葡萄酒色完美搭配。

这个小露台的设计具有几何学的特征：凉棚的线性结构可以将视线引向远方；方形的外围树篱下搭配了白色圆锥绣球和一些尖叶的植物，起到了软化空间的作用。还使用了符合整个主题的镶边板作为装饰。花盆的有序摆放体现了空间的秩序，里面种植了繁茂的植物，开满了鲜艳的花，给整个空间创造了一种轻盈的氛围。树叶交织在一起，形成了一个不同纹理的网络结构，吸引着人们去探索小露台的每一个角落。

摆放两个手工制作的粉彩花瓶，创造了空间的焦点，又可以引发一些联想和思考。另外一个装饰元素是一幅具有东方色彩的绘画，出自日本艺术家长泽和彦的手笔。他的作品充满了物质性，这幅画挂在墙上与整个空间相融合，非常和谐，同时突出了整个小露台鲜明的主题：活力、奔放、自然与优雅。

利用一系列定制的金属花盆将烟囱包围起来，起到隐藏的效果。▶

▼ 从室内看向小露台的景色。摆放了两张舒适的座椅，业主可以在这里休息看书，同时欣赏小露台的景色。

具有东方禅意的意大利露台花园

项目名称：意大利禅意花园
项目地点：意大利，米兰
项目面积：42 平方米

景观设计：CM 绿色设计与 IB 建筑工作室
设计师：克里斯蒂娜 · 马祖凯利（Cristina Mazzucchelli）
艾萨克 · 布里奥斯基（Isacco Brioschi）
摄影师：克里斯蒂娜 · 马祖凯利（Cristina Mazzucchelli）

设计理念

这个露台花园的设计具有强烈的现代感，在材料、装饰和色彩搭配上都采用了现代设计，同时又带有东方气息。

设计延续了室内的直线条和精致的风格，并通过一些装饰性的摆件，打造了一个优雅的户外空间。这个朴素的露台花园的设计是利用一些几何图形和浅色调的植物共同创造的，让人联想到日式花园的特点——干净柔软的线条和渐变的植物群。所有的植物都是精心挑选的，一些是为了奔放的外观，一些是为了叶子精致的纹理和色彩，一些是为了美丽的花朵，整体形成一种平衡的搭配，让空间更显精致。

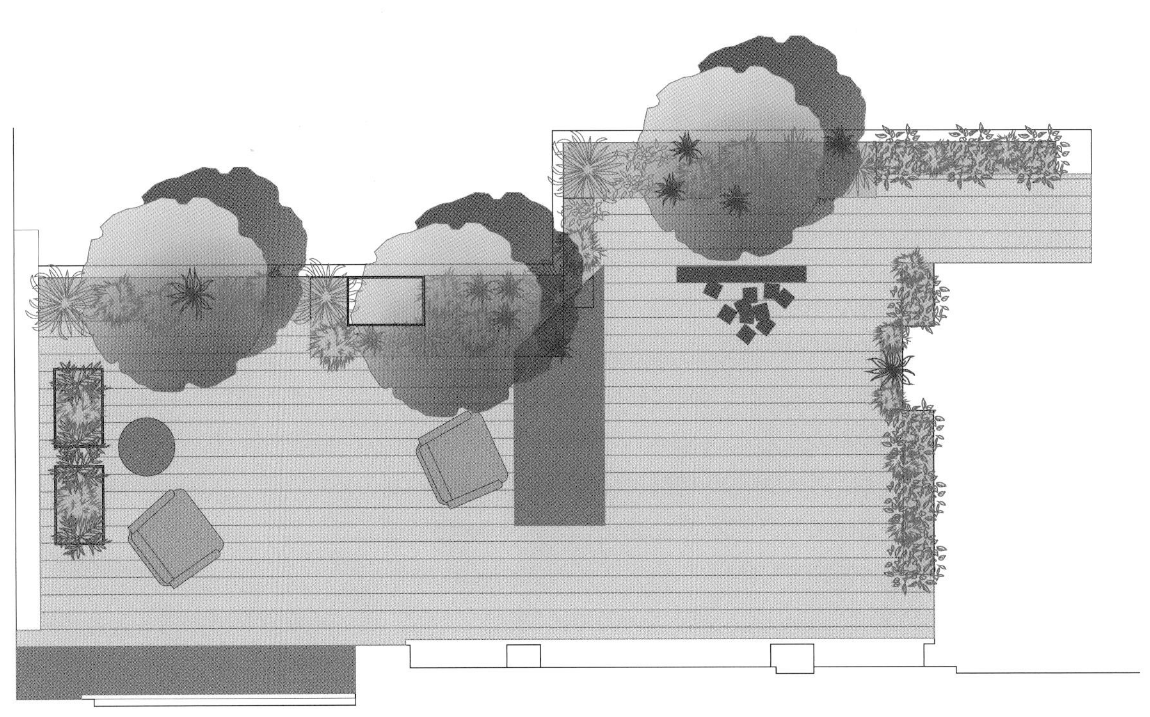

平面图

▲ 侧重采用现代材料、装饰和色彩的现代露台花园设计。植物的柔美效果和艺术作品的特殊形状给人带来一种视觉冲击，艺术与自然完美结合。

为了给严肃的建筑元素增加一种明亮的感觉，选择的植物大多开着微小精致的花朵，叶子的颜色与艺术品颜色相同，如青铜色或淡黄色。▶

室内是由 IB 建筑工作室设计的，他们也负责露台建筑方面的设计。我们在项目的初期就开始了与 IB 建筑工作室的合作，共同探讨了设计的风格和技巧——采用现代的设计手法打造高品质的户外空间。

花盆里不是简单地种满植物而已，而是利用各种搭配技巧，描绘了一幅和谐而宁静的风景画。利用一个垂直装置将烟囱隐藏起来，装置外表采用了灰色调，与天空的颜色相融合。阳光在其表面的反射会产生不同的光线效果，非常引人注目，也使景色在一天中的不同时间里不断地发生变化。烟囱外部的覆盖材料是科里安石板，这是一种非常坚固的材料，能够抵御户外的恶劣环境，同时也赋予烟囱一种雕塑感，与露台上的其他艺术品形成一种互动，非常和谐。

植物环绕的休息区。不同的体积、纹理和叶子形态，吸引人们去探索。植物的颜色大都是灰色、绿色和棕色，给人一种宁静的感觉。▼

其中一件艺术品位于地面上，令人印象深刻，这个雕塑是由意大利艺术家朱塞佩·斯帕格努洛（Giuseppe Spagnulo）创作的。

另一件艺术品是一块形状怪异的大石头，表面质地光滑，颜色与周围物体完美匹配。这件艺术品是由日本艺术家长泽一郎创作的。

用一张手工打造的桌子将另外一个烟囱隐藏其中，还可以将这里作为户外休息区。桌子的形状有些不同寻常，强烈的几何形状和对角线设计给整个空间带来一种节奏感。

为了创造一种视觉上的连续性，不仅地面采用了灰色木板铺装，而且大型种植槽的外部，与烟囱相连的墙面都采用了灰色木板装饰。各种具有线条感的装饰使这个空间充满魅力，令人禁不住驻足停留。

▼ 从主卧室看向露台花园的景色。一扇大窗户将室内和室外隔开，可以观察一天中露台不断变化的景色。

主要植物列表

京竹	拂子茅
野扇花	红花檵木
彩虹大戟	金顶红豆杉
栀子	日本吊钟花
杂交银莲花	金叶苔草
富贵草	川西鳞毛蕨
小碗长春花	克莱姆栀子
细叶绣线菊	中国十大功劳
金边剑麻	木樨
紫薇	欧洲山松
糯米条	

将一个包裹起来的烟囱改造成垂直的雕塑，金属灰的色调与天空的颜色相融合，通过太阳的反射会产生不同的光影效果。▼

▲ 露台的侧面有一个巨大的盆栽非常凸出，给整个空间带来了东方的气息。

从主卧室的大窗户可以看到整个露台花园，犹如欣赏一幅展现日常生活的美丽画卷。为了给坚硬的建筑元素带来一种明快感，在植物种植上选择了一些小型植物，细小的叶子随风摇曳，花朵精致典雅。

多种植物的杂色叶子与淡雅的花朵（大都是白色和黄色）相搭配：一棵日本吊钟花被修剪成大型盆栽的形状；欧洲山松的叶子长而细；中国十大功劳的叶片无刺，又显优雅；紫杉树上叶子的边缘点缀着金黄色；还有绿色、白色和淡粉色相间的蕨类植物、杂交银莲花和莎草。

在这个露台上种植的植物多种多样，非常丰富，形成了一幅不断变化的美丽画卷，伴随着一家人的日常生活，并给他们带来快乐。

具有现代气息的可爱风格
小前院

项目名称： 金斯维尔花园
项目地点： 澳大利亚，维多利亚州，金斯维尔
项目面积： 49 平方米
景观设计： COS 设计公司
设计师： 史蒂夫 · 泰勒（Steve Taylor）
摄影师： Highlyte 摄影

设计理念

该项目的设计宗旨是打造一个漂亮的并且具有现代气息的可爱风格小前院，同时要给访客带来一种很受欢迎的感觉。该项目的空间非常小，需要仔细斟酌和平衡各种细节，使其具有开放性和简洁性，确保这个小前院不会令人感到杂乱。

◀ 一个大碗状的水景装置给人一种平静的感觉，周围种植着各种植物。

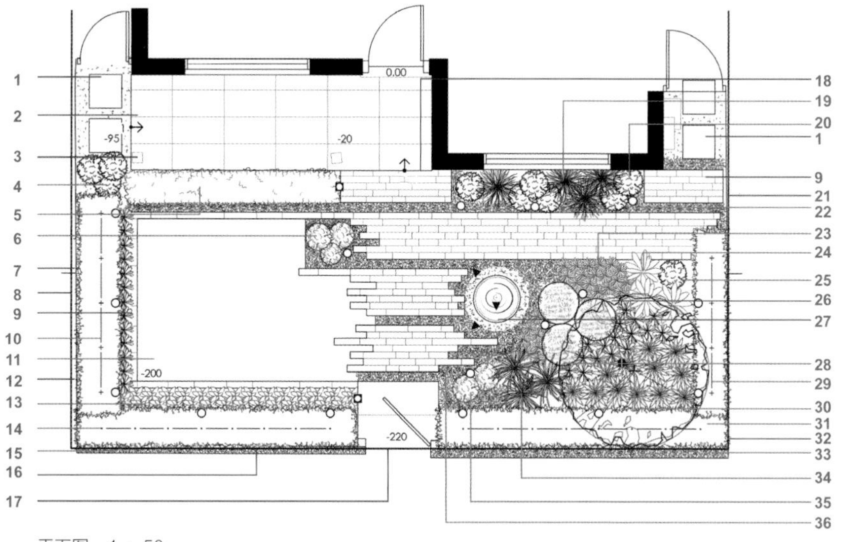

平面图　1 ：50

1. 青石小路，中间配有卵石
2. 800 毫米 ×400 毫米 ×20 毫米青石
3. 现有阳台柱
4. 荷兰方块球（3 株）
5. 佛罗里达栀子（6 株）
6. 澳洲迷迭香（3 株）、玉龙草（3 盘）
7.1820 毫米高的木栅栏
8. 区域界线
9. 菲莱蒂踏脚石边缘
10. “英里之选”月桂（5 株）、“猫巨人”筋骨草（39 株）
11. 马蒂尔达水牛草坪
12.1150 毫米高的木栅栏（最低标准）
13. 绵毛水苏（28 株）
14. “婴儿湾”月桂（8 株）
15. 玉龙草（2 盘），位于木栅栏前
16. 原有前木栅栏和大门
17.1200 毫米 ×500 毫米见方的青石
18. 向下的台阶
19. 酢浆草（4 株）
20. 荷兰方块球（6 株）
21. 现有的 1905 毫米高的木栅栏
22. 玉龙草（5 盘），位于铺装之间
23. 蓝松（12 株）
24. 非洲百合“彼得潘”（3 株）
25. 荷兰方块球（1 株）
26. 现有液舱盖
27. 水景区，大碗状的水景装置隐藏于钢结构中，下面覆盖着印度黑河卵石
28. 灌丛石蚕（3 株）
29. “婴儿湾”月桂（4 株）
30. 印度紫薇（1 株）、“猫巨人”筋骨草（16 株）、林地鼠尾草（11 株）
31. “婴儿湾”月桂(8 株)
32. 现有的 1010 毫米高的木栅栏
33. 玉龙草（2 盘），位于木栅栏前
34. 长叶龙舌兰（3 株）
35. 澳洲迷迭香（3 株）
36. 玉龙草（5 盘），位于铺装和水景间

正面立面图　1 ：50

南侧立面图　1 ：50

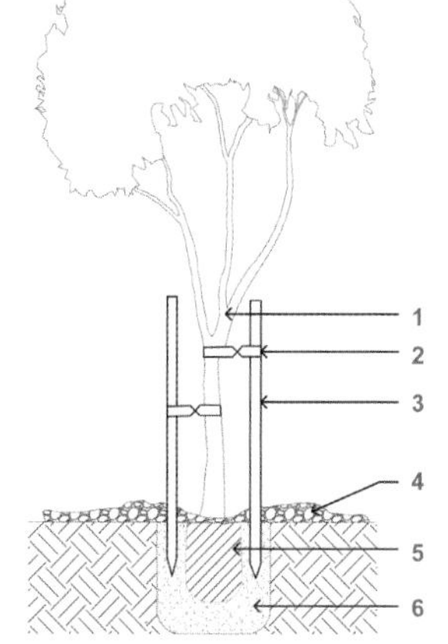

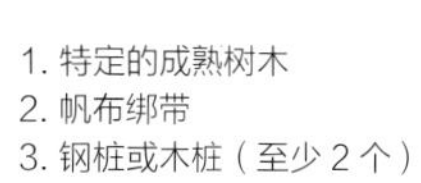
1. 特定的成熟树木
2. 帆布绑带
3. 钢桩或木桩（至少 2 个）
4.75 毫米厚覆盖层
5. 根球，与完工景观水平面齐平
6. 挖深度为 2 倍或 3 倍于根球宽度的坑，然后用场地土回填

树木种植细部图

从小前院入口到房屋入口铺设了一条青石小路，并在所有入口处铺设了菲莱蒂踏脚石。青石小路的边缘采取了随机设置的模式，这样就模糊了硬景观和软景观之间的界线，使整个空间更加令人放松，并增添了趣味性。

院中有一个大碗状的水景装置，给人带来一种平静的感觉。将灌丛石蚕、澳洲迷迭香和小叶黄杨修剪成球状，打造了一个具有现代气息的树篱。在这些球状植物的间隙和周围种植麦冬、瓜叶菊、“猫巨人”筋骨草、林地鼠尾草和玉龙草，它们依偎在印度紫薇和两种月桂树下。整洁开放的草坪与南侧的佛罗里达栀子树篱、绵毛水苏和九里香形成了一种对立的平衡，打造了一个更具存在感的空间。

前廊休息区的设计考虑到了所有区域的视野问题。该住宅建筑既存在对称性，又存在不对称性，这一特点在花园中也有所体现，南侧偏离中心的水景区体现了不对称性，北侧草坪区和窗口区则体现了对称性。

客户最近经历了一次非常糟糕的建筑装修体验，在装修过程中存在许多结构问题，因此在这次的设计中要确保选择最优方案，以避免破坏房屋结构的完整性。设计师提出了一个高质量的方案，可以让客户对设计和施工更有信心。

◀ 多种元素平衡的一个小前院，不会显得太杂乱。

▲ 一条由菲莱蒂踏脚石铺设的小路通向房屋门口。

郁郁葱葱的开放式草坪区，与五颜六色的植物和菲莱蒂踏脚石打造的小路形成了完美的对比。▶

主要植物列表

编码	通用名称	数量	盆尺寸	顶面高度	最大高度
树木					
Ln	印度紫薇	1 株	100 升	2.5 米	8 米
Lnb	“婴儿湾”月桂	20 株	50 升	1.2 米	7 米
Lan	“英里之选”月桂	5 株	50 升	1.2 米	7 米
灌木和草					
App	非洲百合“彼得潘”	3 株	14 厘米	30 厘米	70 厘米
Bs	荷兰方块球	10 株	33 厘米	30 厘米	60 厘米
Gf	佛罗里达栀子	6 株	20 厘米	25 厘米	60 厘米
Lc	酢浆草	4 株	14 厘米	20 厘米	60 厘米
Lt	长叶龙舌兰	3 株	20 厘米	30 厘米	60 厘米
Sn	林地鼠尾草	11 株	14 厘米	20 厘米	75 厘米
Tf	灌丛石蚕	3 株	14 厘米	25 厘米	1.5 厘米
Wef	澳洲迷迭香	6 株	14 厘米	40 厘米	1.5 厘米
地被植物和爬藤植物					
Arc	“猫巨人”筋骨草	55 株	14 厘米	15 厘米	25 厘米
Ojn	玉龙草	17 盘	40 厘米	5 厘米	15 厘米
Sb	绵毛水苏	28 株	14 厘米	20 厘米	15 厘米
Sc	蓝松	12 株	11 厘米	10 厘米	10 厘米

限制与机遇

空间小是我们面临的第一个限制，同时还要打造一个集各种功能、形式和美感于一身的漂亮小前院，这些都具有一定的挑战性。我们想通过对色彩、形式、纹理和装饰的精细打磨，创造一个具有趣味性的小前院，同时体现经典的现代永恒感。

充分保持简洁，让空间更具开放性，并令人感觉备受欢迎是另外一个挑战。这个家集聚了传统的对称性和现代的不对称性于一体，我们选择将二者混合在一起，是具有一定的风险的，如果不能很好融合就会变得很糟糕。当然，我们会将它们融合得很好。客户的担忧是一个制约因素，如果我们能够很好地处理这些问题，并且推荐好的施工团队，这会成为一个很好的机会。

机遇是巨大的。我们有机会恢复客户对于设计和施工行业的信心，可以说我们做到了。客户很愿意做一点儿与众不同的事情，而菲莱蒂踏脚石的使用增加了小前院的趣味性，并备受好评。硬景观与软景观之间的模糊界线，体现了这个花园的两个对立方面，它们以某种独特的方式在完美的和谐中共同存在。

典雅的现代风格花园

项目名称： 丛林花园
项目地点： 意大利，米兰
项目面积： 50 平方米

景观设计： CM 绿色设计
设计师： 克里斯蒂娜 · 马祖凯利（Cristina Mazzucchelli）
摄影师： 克里斯蒂娜 · 马祖凯利（Cristina Mazzucchelli）

设计理念

项目位于米兰以东的城市斯图迪，这里原来是一个农舍，后来一位律师购买了这处房产，并将这里进行了彻底翻新，打造了一个典雅的现代风格花园。花园分为两层，一层是一个小花园，二层是一个小露台。这里是私密的休闲空间，是一个具有英式风情的都市丛林，是放松娱乐的绝佳场所。透过大窗户可以看到这个花园，一片郁郁葱葱的景象，刚进入家门目光就会被这个花园吸引。

根据客户的需求，在这个 50 平方米的花园内融入了各种功能，作为室内空间的延伸，包括带水槽和烧烤装置的餐饮区、被各种植物环绕的会客空间，还有一个自行车停放区。设计还面临一系列的限制因素，包括这块空地的不规则形状和一些锐角的存在，要在四周设置通道，还有在某些地点无法挖掘地面。

通过使用不同的材料来定义各个功能空间， 而看上去各个空间又是连接在一起的。例如，餐饮区使用了天然的奶白色石头作为装饰，这与水槽使用的是同一种材料，在烧烤装置旁边放置了一个大餐桌；而在休闲区和停车区则使用了碎石铺装，并在餐饮区上方设置了一个小的藤架。

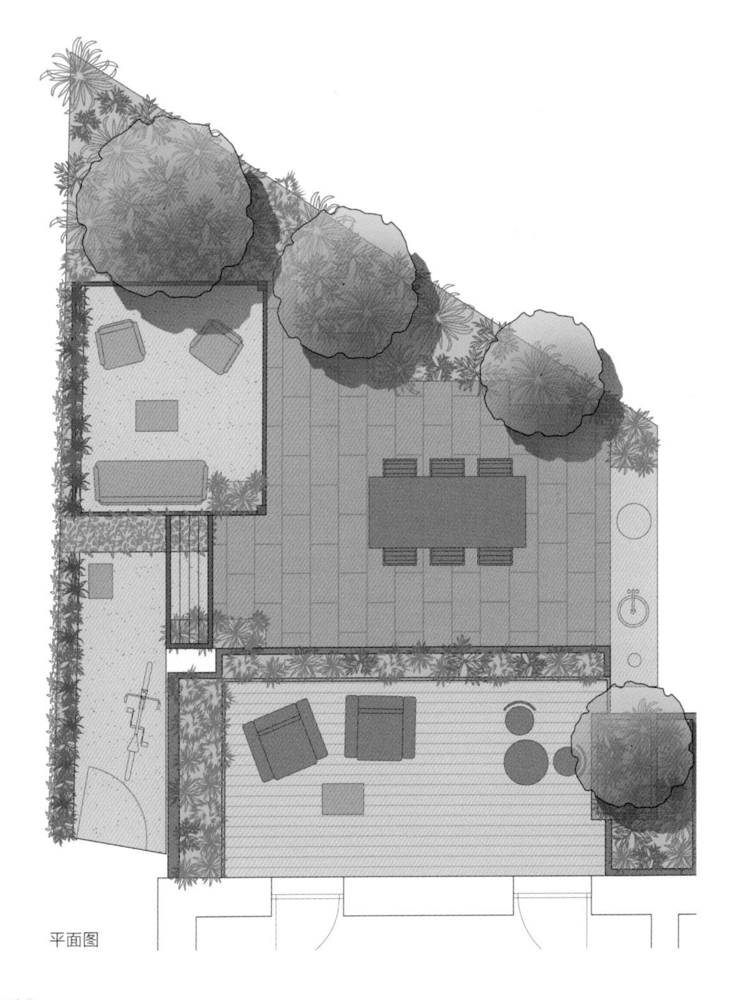

平面图

▲ 从小露台上可以看到花园的 3 个主要区域：餐饮区，摆着一张大餐桌；会客空间，有一个金属凉棚；还有一个通向出口的走廊。

从上面可以看到二层小露台和一层小花园。搭配不同植物创造一种连续性。▶

在植物上选择了开白花的遮阴植物，这是北方花园的常用植物，这种颜色不仅可以使花园尽显优雅，还可以使花园在傍晚和夜晚更加明亮。四周通道采用了攀缘植物，与一些蕨类植物和绣球相搭配，保护了花园内的隐私。在锐角区采用了羽毛槭和灌木植物，使这个区域更加柔和，同时营造一个私密的环境。

此外，利用一个立体的金属结构划定一个三维空间，并利用木制家具和竹篱笆界定了客厅空间。通过色彩搭配创造一种连续性：除了自然色和中性色调以外，还选用了无烟煤色，实现了室内元素与室外元素（包括二层小露台上的藤架和花盆）的统一性和连续性。

二层小露台一个舒适的角落，从这里可以俯瞰邻里，四周又种植了繁茂的植物进行遮挡，形成隐秘空间。▼

小露台拥有良好的光照环境，可以选择常绿的地中海植被，铺上柚木地板，装饰一些极简风格的家具，创造一个典雅的小空间。结合房屋周围的良好环境，打造一个小型的都市绿洲，同时利用邻居家枝繁叶茂的树木形成天然的遮挡屏障，营造幽深静谧的环境。

项目还有一个特点，就是对房子的外立面进行装饰，在每扇窗户外都摆放花盆，里面种植了下垂植物，形成了一个天然的绿色窗帘，使这个郁郁葱葱的花园更加别致。

▼ 优雅的户外会客空间，被绿色植物环绕。开放式的凉棚不是为了遮阴，而是为了划定空间。配置了具有现代设计感的木制座椅，可以随时在这里休息会客。

主要植物列表

小花园植物通用名称
棕鳞耳蕨
水栀子
野扇花
杂交银莲花
窄叶薹草
扁桃叶大戟
淫羊藿
铁线莲
紫色宫殿矾根
木贼
紫藤
唐棣
紫薇
鸡爪槭
白纹阴阳竹
栎叶绣球
灰光绣球
桂竹
海桐花
络石藤
常春藤

小露台植物通用名称
酸沼草
细茎针茅
迷迭香
小蔓长春花
蓝雪花
蓝百合
细梗溲疏
小盼草
杏仁大戟
晨光芒
翻白叶树
南天竺
“珠穆朗玛”海棠
斑叶亮丝草

会客空间的植物和家具细节。▼

在一层餐饮区摆放了一张大餐桌。二层小露台的植物（如迷迭香等）垂落下来，形成一个植物墙，与小花园形成一种视觉上的连接。

为家人和朋友欢聚打造的休闲小花园

项目名称： 鲍克姆山小花园
项目地点： 澳大利亚，新南威尔士州，悉尼
项目面积： 85 平方米
景观设计： 磨石景观设计
设计师： 克劳迪娅 · 克劳利（Claudia Crawley）
摄影师： 磨石景观设计

设计理念

客户的房子是刚装修好的，室内设计的灵感来自汉普顿风格，他们希望将室内的装修风格延续到户外空间。

家里有 2 个十几岁的孩子和 3 只猫。他们喜欢跟家人和朋友一起享受闲暇时光，因此，这个空间需要经常接待来访的客人，还需要配有休闲娱乐设施。新的设计必须能降低附近工厂带来的噪声和污染，从而打造一个私密的休闲空间。另外，不需要设计草坪。

后院平面图

1. 新的“林地灰”壁挂式晾衣绳，连接到新水疗区后侧的木板上
2. 将木栅栏涂成“林地灰”
3. 水疗区和甲板
4. 水景区，用砖墙砌成，并贴有玉蓝色马赛克砖用来防水
5. 精选不同大小的石壶
6. 保留所有砾石和相邻小花园种植床
7. 在压实路基上铺设 10 毫米豌豆砾石
8. 拆除原有院墙，采用悬臂木台阶改造砖墙
9. 安装功能屏幕
10. 更换木镶板，减少闸门开度，使其与原有木栅栏相匹配
11. 将木栅栏涂成“林地灰”，在木栅栏上安装不锈钢丝，避免攀爬
12. 在固定的砾石中铺设石灰岩板
13. 施工步道由带斑点的树胶制成，并附在木栅栏和家具上
14. 铺设的砾石应为 10 毫米的豌豆砾石，并用透明砾石黏合剂形成坚实的基层
15. 水槽

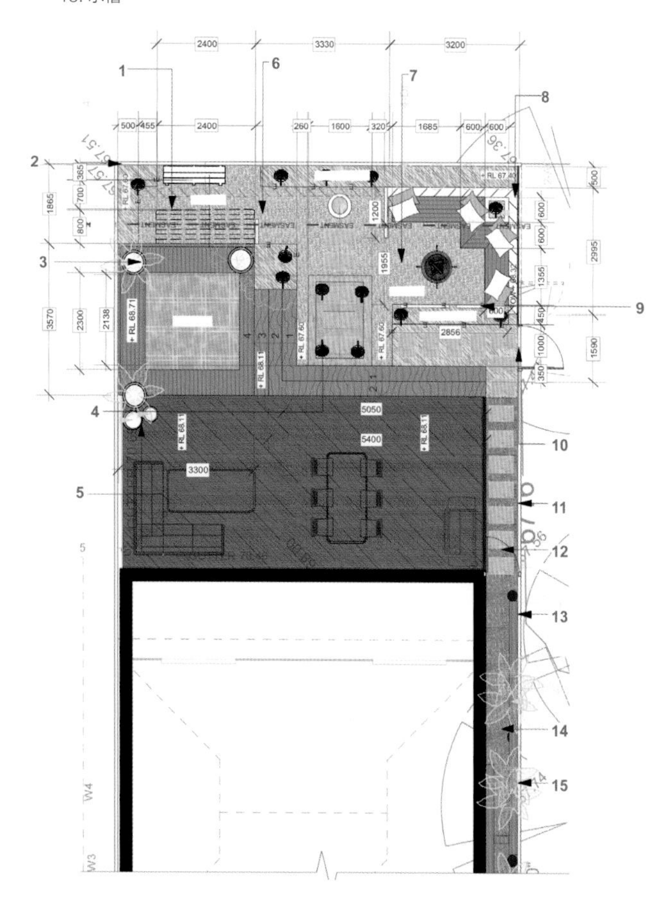

前院平面图

1. 保留、清理原有砌块墙
2. 保留原有玫瑰，增加植物
3. 在入口处新铺设的砂岩、青石
4. 原有车道需重新铺设，采用鹅卵石砖，颜色为青石色
5. 铺设幸运石，安装新的照明和水景装置
6. 将原有的网固定
7. 用石灰岩板和小卵石铺设的台阶
8. 安装新大门，与原有木栅栏相匹配
9. 用石灰岩板和豌豆砾石铺装的地面
10. 拆除原有砌块墙

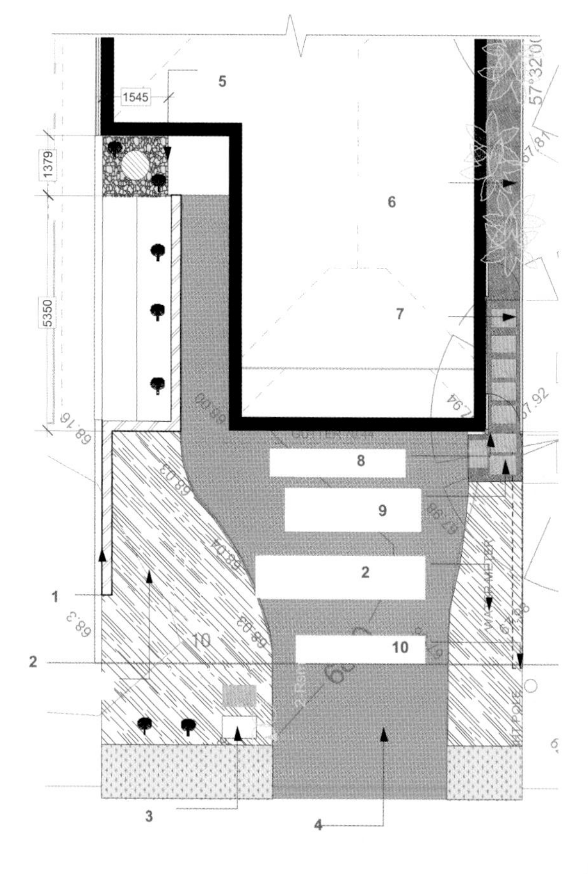

▲ 休闲娱乐区用特色屏风隔开，地面采用小卵石铺装，搭配水景元素。

休闲娱乐区俯瞰图。 ▶

在这个狭小的空间里，水是一个非常重要的元素，它可以平衡其他元素，达到和谐的效果。利用一些具有一定高度的装置元素，将小花园分割成多个部分，营造出一种更大的空间效果。地面铺装采用了维护率较低的小卵石，与植物种植相搭配，创造出丰富的纹理效果。

前后院的小花园都堆满了建筑垃圾，所有的种植床在种植前都必须用蘑菇堆肥好好维护。

景观元素参考图

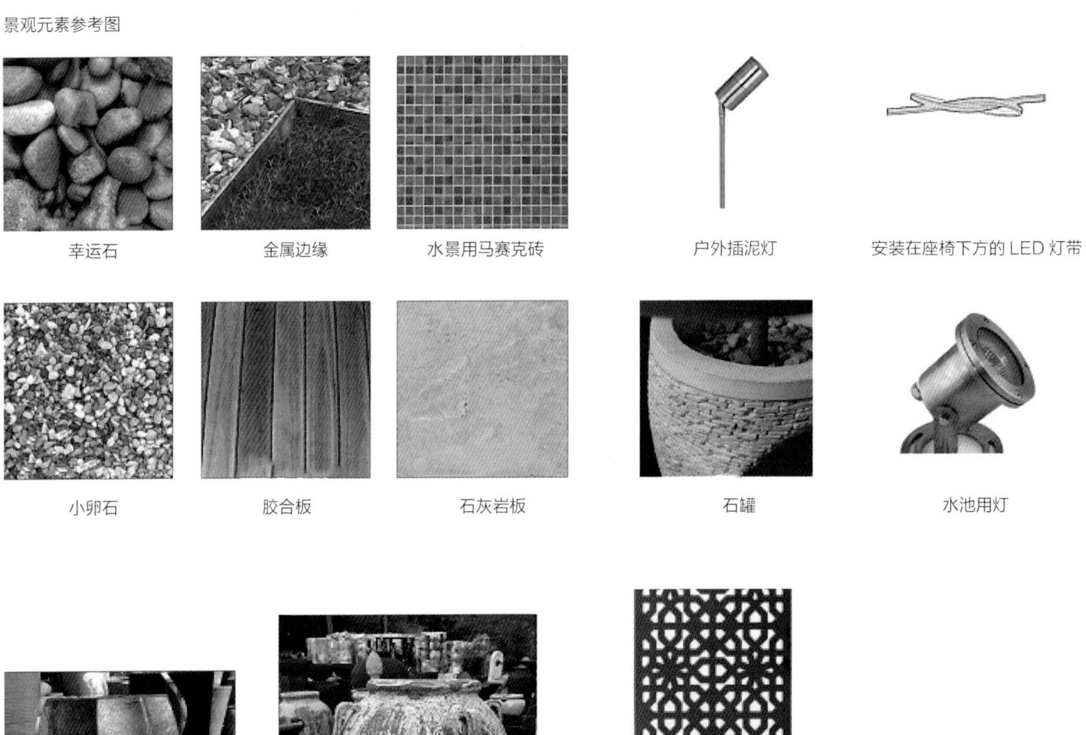

幸运石　金属边缘　水景用马赛克砖　户外插泥灯　安装在座椅下方的 LED 灯带

小卵石　胶合板　石灰岩板　石罐　水池用灯

特色屏风

火盆

前院水景装置　后院水景装置

水疗区。▶

▼ 在碎石铺装中种植了植物。

◀ 灯光下的夜景。

无论在夏季，还是在冬季，前后院的小花园都有充足的阳光，同时有足够的乘凉之所。下午，市政用地上的树木（桉树和木麻黄）为休闲长椅处提供了足够的树荫，同时又不会遮挡花园。

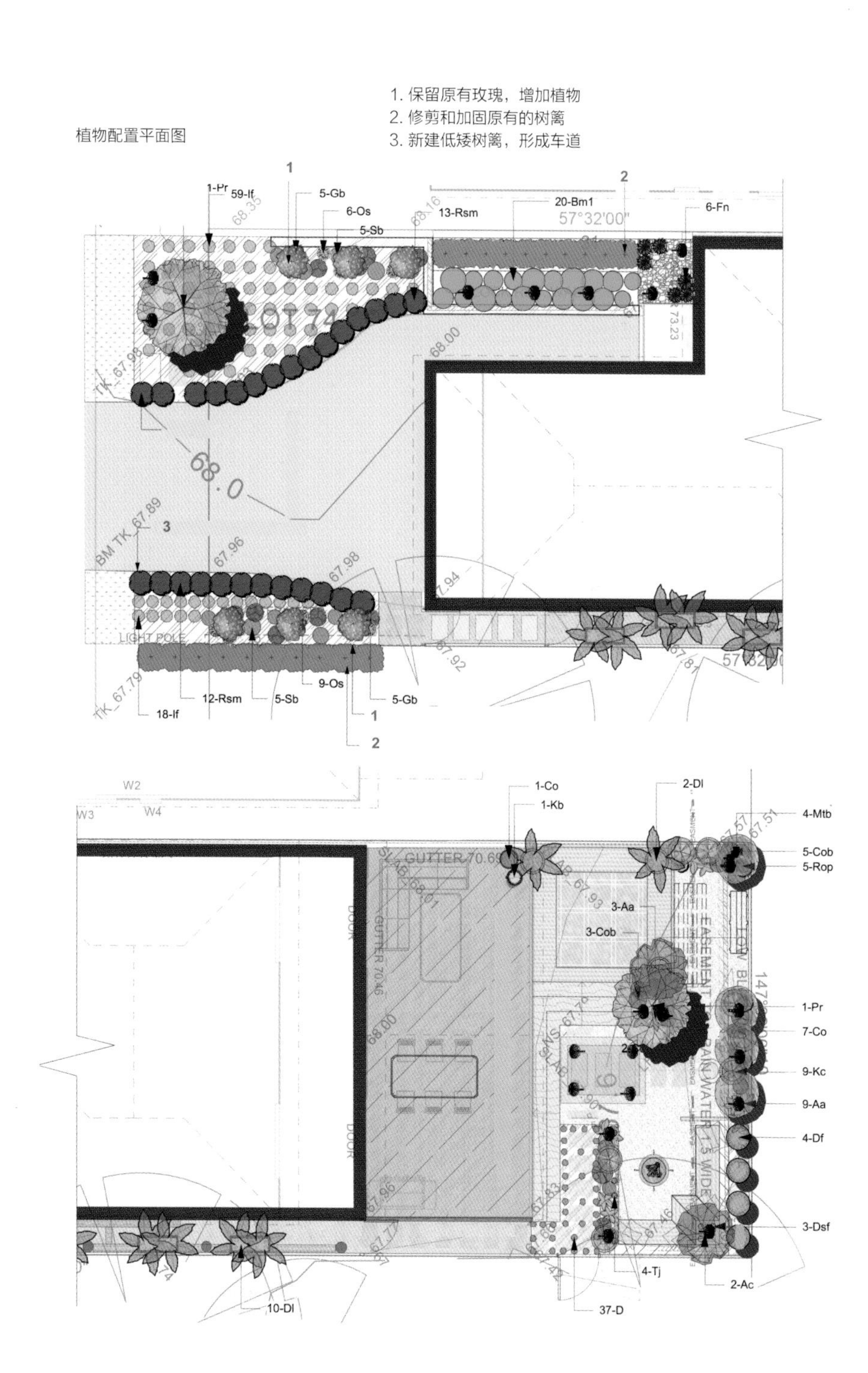

植物配置平面图

主要植物列表

编码	通用名称	盆尺寸	数量
树木			
Ac	日本落叶松	45 升	2 棵
Mtb	泰迪熊木兰	25 升	4 株
Pr	鸡蛋花树	100 升	2 棵
棕榈与苏铁			
Dl	金藤棕榈	300 毫米	12 棵
灌木			
Bm	黄杨球	300 毫米	20 株
Rop	石斑木	200 毫米	5 株
Rsm	矮山楂	200 毫米	27 株
多年生植物			
Gb	粉红蝴蝶	200 毫米	10 株
Os	非洲菊	140 毫米	15 株
草			
Df	蓝竹	300 毫米	4 株
Fn	球莎	200 毫米	6 株
地被植物			
D	芸薹	140 毫米	37 株
Dsf	银瀑马蹄金	140 毫米	3 株
If	蓝星蔓生植物	140 毫米	77 株
Sb	绵毛水苏	140 毫米	10 株
多肉植物			
Aa	狮耳花	200 毫米	12 株
Co	玉树花	200 毫米	10 株
Cob	蓝鸟翡翠木	200 毫米	8 株
Kb	圣诞伽蓝菜	175 毫米	1 株

在特色屏风下方种植的多肉植物。

充满欢乐的多功能户外活动空间

项目名称：基东花园
项目地点：澳大利亚，维多利亚州，基东
项目面积：100 平方米

景观设计：COS 设计公司
设计师：史蒂夫 · 泰勒（Steve Taylor）
摄影师：蒂姆 · 特纳（Tim Turner）

平面图 1：100

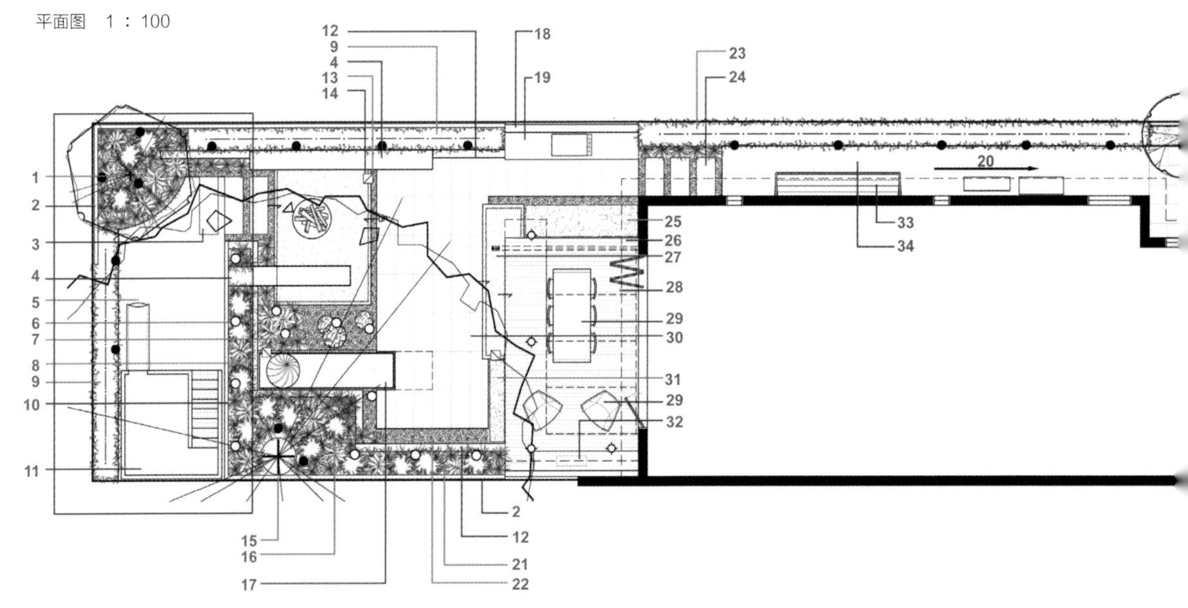

1. 日本枫树掌叶槭（1 株）、“皇家紫”麦冬（6 株）、“梦露白”麦冬（6 株）、圣诞玫瑰（12 株）、柱冠粗榧（3 株）
2. 边界上的彩色顺纹木材
3.500 毫米 ×1500 毫米青石台阶
4. 特色蒙特石英石长凳
5. 玛蒂尔达水牛草坪
6. 地锦（8 株）
7. 荷兰方块树篱（3 株）、黑麦冬（3 盘）
8. 柱冠粗榧（4 株）、君子兰（10 株）
9. 腹地金磨砂樱桃（10 株）或者葡萄牙桂冠（10 株）
10. 第一阶段和第二阶段的染色顺纹木材。一期工程保留原有栅栏，涂成黑色或木炭色
11. 定制小木屋
12. 重新砌墙并粉刷
13. 玉龙草（2 盘）
14. 阿尔卑斯白色浮动混凝土板、环形凹陷装置作为户外围炉
15. 保留原有树木
16. 大片植物种植：“皇家紫”麦冬（15 株）、“梦露白”麦冬（15 株）、柱冠粗榧（5 株）、君子兰（12 株）、黑麦冬（2 盘）
17. 水景。抛光木炭色混凝土结构。隐藏式集水坑中有 3 个水泡。在上面的雕塑球体涂黑色粉末
18. 边界墙采用生态户外高山石覆盖，与火景区相匹配
19. 烧烤和厨房区，配有“雪石”混凝土长凳，内部配有定制橱柜
20. 坡
21. 柱冠粗榧（4 株）、“皇家紫”麦冬（14 株）或者“梦露白”麦冬（14 株）
22. 黑麦冬（3 盘）
23. 腹地金磨砂樱桃（18 株）或者葡萄牙桂冠（18 株）、“皇家紫”麦冬（6 株）或者“梦露白”麦冬（6 株）
24. 青石台阶，周围种植黑麦冬（4 盘）
25. 英式方块树篱，下面种植黑麦冬
26. 银顶灰木地板
27. 大块白色混凝土台阶
28.4 块黑色粉末涂层块状激光切割屏幕
29. 客户选择的家具
30.500 毫米 ×1000 毫米青石切割铺装
31. 英式方块树篱（10 株）
32. 青石底座的生态智能壁炉。表面由生态户外高山石覆盖
33. 客户选择的折叠晾衣绳
34. 由蒙特石英石铺设的边路
35. 装饰的青石台阶
36. 泰迪熊木兰（5 株）、星芒茉莉（14 株）
37. 垂直染色隐私屏。大块青石铺装
38. 新大门
39. 仓库区，由蒙特石英石铺设的道路
40. 如果需要，可以替换原有的木栅栏，并染成黑色或者木炭色

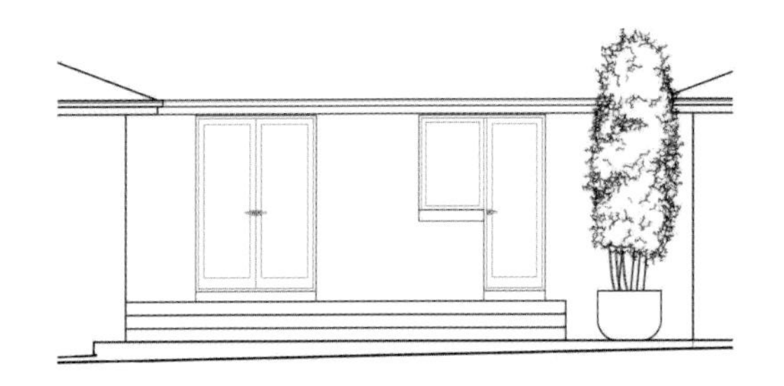

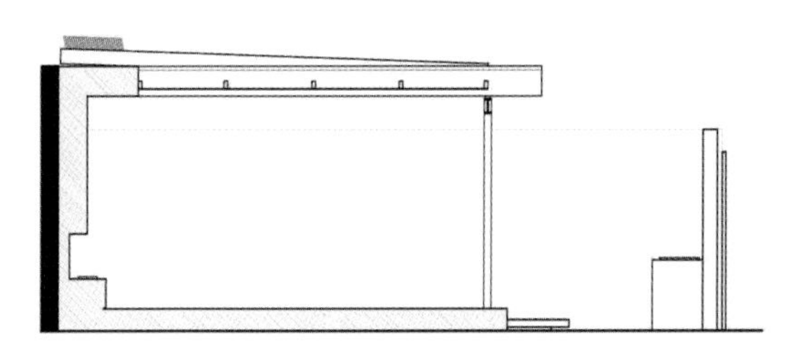

南侧庭院台阶立面图

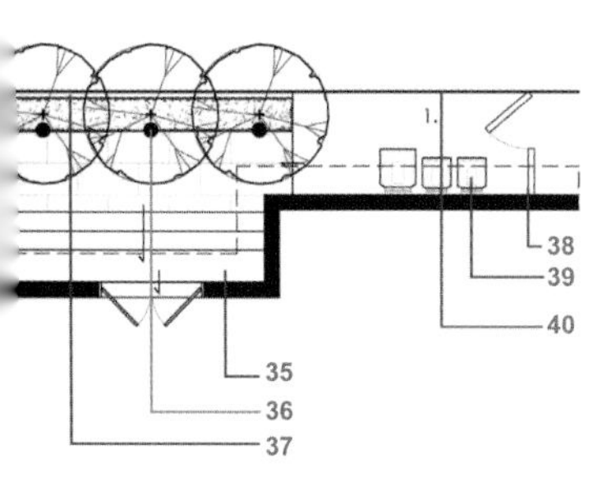

设计理念

客户是表演艺人，他们要求打造一个充满欢乐的户外活动空间，里面要集合各种功能区和景观设施，包括灵活开放的顶棚、壁炉、烧烤和厨房区、户外围炉、水景和供孩子们骑滑板车的空地，这些是对花园最基本的需求。我们需要在房屋的一侧开辟一个入口，将这里的地势抬高。保护隐私是一个非常重要的问题，所以一切设施结构和植物的配置都要具有一定的高度。

客户想将来有机会可以将后面的巷道购买下来，因此，需要将这一点考虑进来，先设计一个临时通道，将来有一天可能会拆除围栏，将巷道空间融入现在的区域，形成一个更加宽敞的空间，因此设计必须满足这些要求。

▼ 户外活动区，中间有一个围炉装置，周围环绕着混凝土挡土墙。

西侧立面图

令人称叹的现代美学是整个空间设计的主题，在与客户交流的过程中，客户对于他们的要求和喜好阐述得非常详细，因此我们清晰地了解到要创造一个清爽利落的空间来适应他们的个性和需求。

客户喜欢在晚上举行一些娱乐活动，所以我们要仔细思考花园的照明问题。我们在房屋的后方连接了一个顶棚，实现了室内外的无缝连接。

南侧立面图

我们有很好的预算来展开工作，在工作的过程中获得了很多乐趣，但为了满足客户想要的一切，我们在设计的过程中需要非常细致。充足的预算让我们能够尝试探索各种机会和可能性，在有限的空间中打造一个高水准的花园。同时面临各种挑战，要将各种设施和功能融入花园，又要不显拥挤。

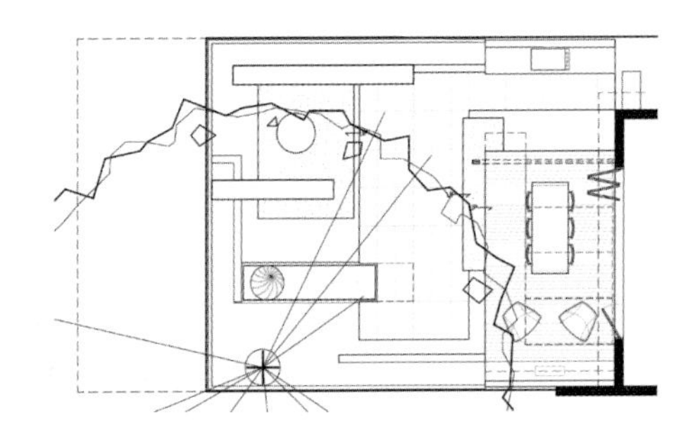

硬景观设计图

要确保花园中心区域的开放性、简洁性和实用性。这里是连接其他一切户外活动区（壁炉、烧烤和厨房区、顶棚）的一个过渡区域，孩子们可以在这里玩耍、骑滑板车以及做游戏。这个区域是开放式的，是非常灵活的，可以在这里举行大规模的聚会，天气好的时候还可以将桌椅从顶棚下移动到这里，充分享受露天生活。

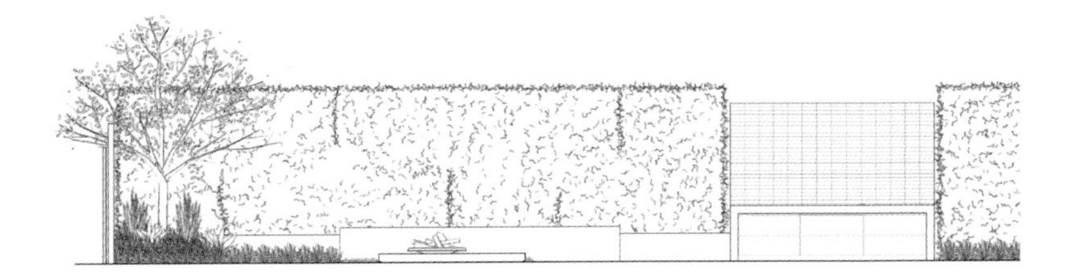

北侧烧烤区和厨房立面图

舒适的休闲座椅，配有功能灵活的顶棚和昏黄的灯光，用来营造氛围。

我们专门设计的湿边水景，将坚硬的结构和柔软的绿色植物结合在一起，营造了一种大胆奔放的氛围。

总的来说，这一设计具有很强的美感和很强的冲击力，加上空间的多功能性，它已经成为我们喜欢的花园之一，客户绝对喜欢它。

◀ 定制的户外烧烤和厨房区，灯光明亮，配有混凝土长凳，为晚上娱乐提供了空间。

▲ 水景装置和圆形雕塑，四周利用混凝土打造了挡土墙，并种有各种植物。

中心区域，可以供孩子们玩耍，也可以举办大型聚会。▶

主要植物列表

编码	通用名称	数量	盆尺寸	顶面高度	最大高度
树木					
Ap	日本枫树掌叶槭	1 株	100 升	2.5 米	3.5 米
Btg	崖州竹		100 升	3 米	6 米
Mtb	泰迪熊木兰	5 株	100 升	2.5 米	9 米
Pl	葡萄牙桂冠	38 株	40 厘米	1.2 米	1.4 米
Sa	腹地金磨砂樱桃	38 株	27 升	1.8 米	5 米
灌木和草					
Bse	英式方块树篱	34 株	40 厘米	35 厘米	50 厘米
Bs	荷兰方块树篱	33 株	40 厘米	35 厘米	60 厘米
Ch	柱冠粗榧	16 株	30 厘米	60 厘米	2 米
Cm	君子兰	22 株	20 厘米	35 厘米	60 厘米
Hhj	圣诞玫瑰	12 株	11 厘米	20 厘米	30 厘米
Lrp	“皇家紫”麦冬	41 株	15 厘米	20 厘米	50 厘米
Lmw	“梦露白”麦冬	41 株	15 厘米	20 厘米	50 厘米
地被植物和爬藤植物					
Ojn	玉龙草	2 盘	每盘 40 厘米	5 厘米	15 厘米
Opn	黑麦冬	15.5 盘	每盘 40 厘米	10 厘米	15 厘米
Pt	地锦	8 株	11 厘米	15 厘米	
Ta	星芒茉莉	14 株	11 厘米	15 厘米	15 厘米

景观元素参考图

▼ 花园的全景，根据客户需求打造的户外活动区。

充满私密性和独特性的
静谧小花园

项目名称： 安顺私家庭院花园
项目地点： 中国，贵州省，安顺
项目面积： 约 130 平方米

景观设计： 迈德景观（MIND STUDIO）
主创设计师： 蒋俊、杨秀娥、尤南飞
设计团队： 杨丰梦、杨娅、王羽
摄影师： 迈德景观（MIND STUDIO）

设计理念

项目位于贵州安顺，房屋为 3 层住宅居所。室外区域通过围合形成两处庭院空间，位于一层的客厅是连接前院和后院的过渡空间。前院约30平方米，临近小区的主要道路;后院约 100 平方米，为四周邻居的三处庭院所围合而成的，由于铁艺栏杆低矮并且通透，邻里之间缺少相应的私密性，因此优化边界，增强空间围合，成了设计首先考虑的问题。

客户是前卫的时尚生活家，对生活品质有自己的独特理解。100 多平方米的庭院，需要由野趣自然、令人身心放松的情景打造，并且兼顾清晰边界的功能设计。在与客户商讨确认功能需求后，将关注点放在整体的空间格局、氛围、使用和景观感受上。在有限的空间里既考虑公共共享空间的组织和系统性，又强调私家庭院的私密性和独特性。

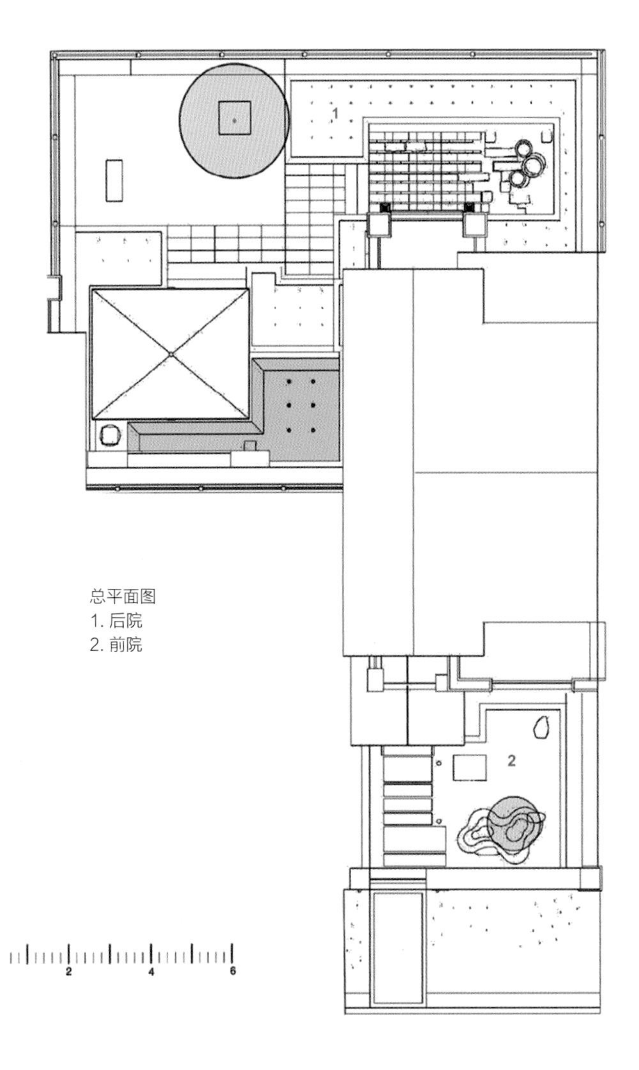

总平面图
1. 后院
2. 前院

在建筑外边界确定的基础上，去掉原有的铁艺栅栏，用白色围墙和植物交错的围合方式强化庭院的私密性，营造一个干净纯粹的边界背景。将前院作为客户展示其品位和呼应住宅客厅大落地玻璃的景观展示空间，后院以私密性强且不易受打扰的场地优势为客户及家人提供主要活动的空间场所。

前院

面向街道的前院是展示、归家、迎宾及通行的主要功能空间。通过极简大气的设计手法，塑造宁静恬适的庭院空间。增加客户和访客的亲近感，而且引导观者从不同视角观赏内庭。中心以砂石、苔藓、置石以及造型松组合形成禅意小空间。边界则使用常青常绿的竹子、麦冬收边围合，得到干净整洁的植物背景。

▼ 前院的禅意小空间。

后院

房屋后院成为室内活动的拓展延伸。从客厅出来，转场空间以简洁干净的植物和白墙作为背景，衬托花池中的观赏草和花卉。继而前行，通过视线开合转换，小中见大，看见开敞的活动区域。增加的台阶形成下沉空间，丰富空间层次。在空间划分上，形成一动一静的空间格局。白色背景墙既是边界，又是户外电影的投影幕墙，多功能阳光草坪为客户及其小女儿提供嬉戏玩耍、朋友聚会烧烤、运动瑜伽等活动的场所空间。简洁现代的凉亭下，流水景墙提升空间品质，从多重感官丰富庭院的户外体验感受。宁静的氛围适宜读书喝茶、交谈会客。

后院花坛边缘细节。▼

▲ 后院休闲区。

休闲区旁的水景。▶

在植物设计上，以非都市化、亲近自然的造园手法，大量使用低矮的花卉和观赏草，如百子莲、狐尾天门冬、细叶针茅、澳洲朱蕉、银叶菊等。野趣自然的观赏花草和简洁线条的花池产生的设计撞击感，别致又充满个性表达。庭院不仅仅是休憩的空间，更成为日常接近自然、传播和彰显业主审美品位的艺术空间。

设计的宗旨是创造一个有意义的自然生态庭院，帮助客户实现其空间、功能和隐私需求。无须烦琐的修饰和华丽的线条，去繁化简，简单准确的设计语言一样拥有动人的力量。

多种植物细节图。▼

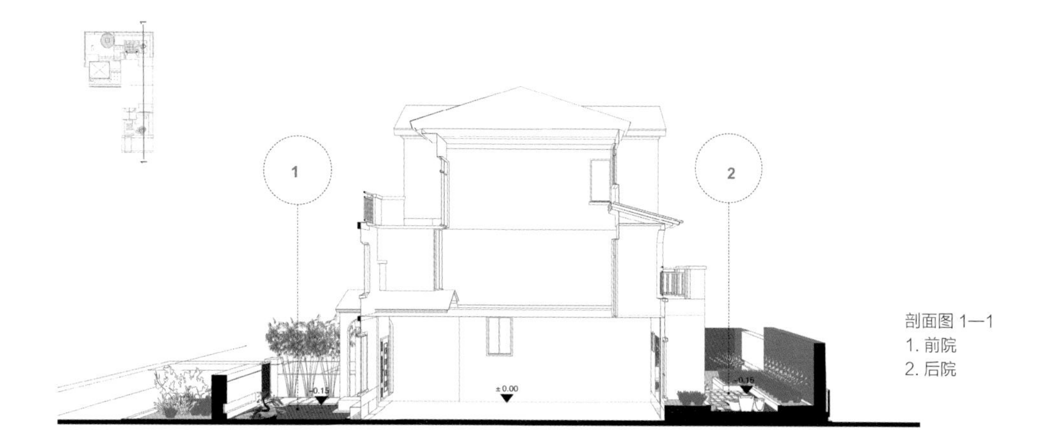

剖面图 1—1
1. 前院
2. 后院

剖面图 2—2
1. 后院入户平台
2. 草坪活动区
3. 后院休闲区

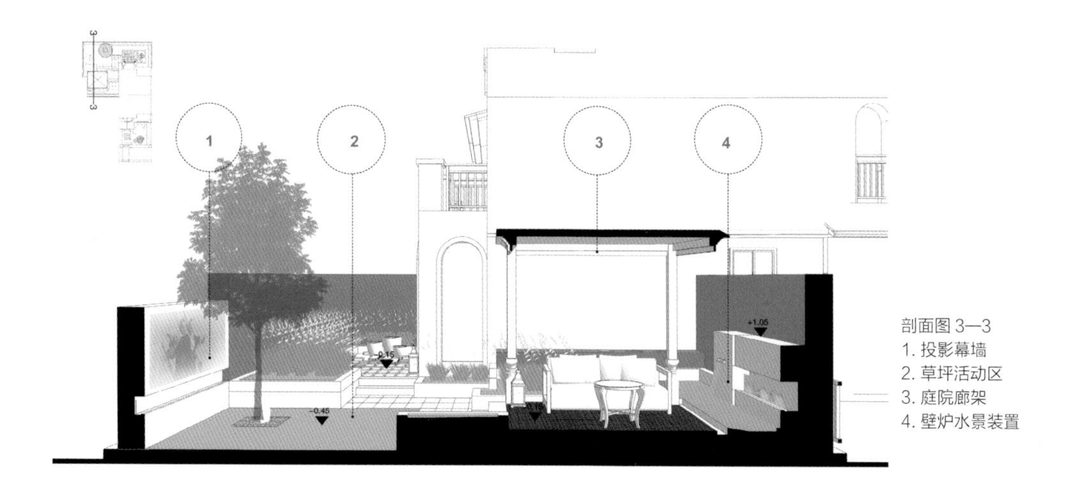

剖面图 3—3
1. 投影幕墙
2. 草坪活动区
3. 庭院廊架
4. 壁炉水景装置

◀ 特色的流水景墙。

▲ 后院夜景。

后院夜景。▶

采用低维护植物打造
舒适小庭院

项目名称：圣克莱门特休闲花园
项目地点：美国，加利福尼亚州，圣克莱门特
项目面积：185 平方米（前院和中庭）

景观设计：生活花园景观设计
设计师：萨夏 · 麦克雷（Sacha McCrae）
摄影师：萨夏 · 麦克雷（Sacha McCrae）

设计理念

圣克莱门特休闲花园包括前院（车道）、中庭和后院，这里展示的是设计的第一阶段，前院和中庭。我们第一次来到这里与客户见面，发现前院是由一条混凝土车道、一大片裸露的不平整的地面和几块大石头构成的。中庭也是混凝土铺面，还有一些台阶和一大片脏乱的空地。客户想要打造一个看起来很有吸引力的前院和一个郁郁葱葱的舒适中庭。同时为了应对加利福尼亚州南部夏季干燥的气候，要选取耐旱植物。

前院和中庭的平面设计图

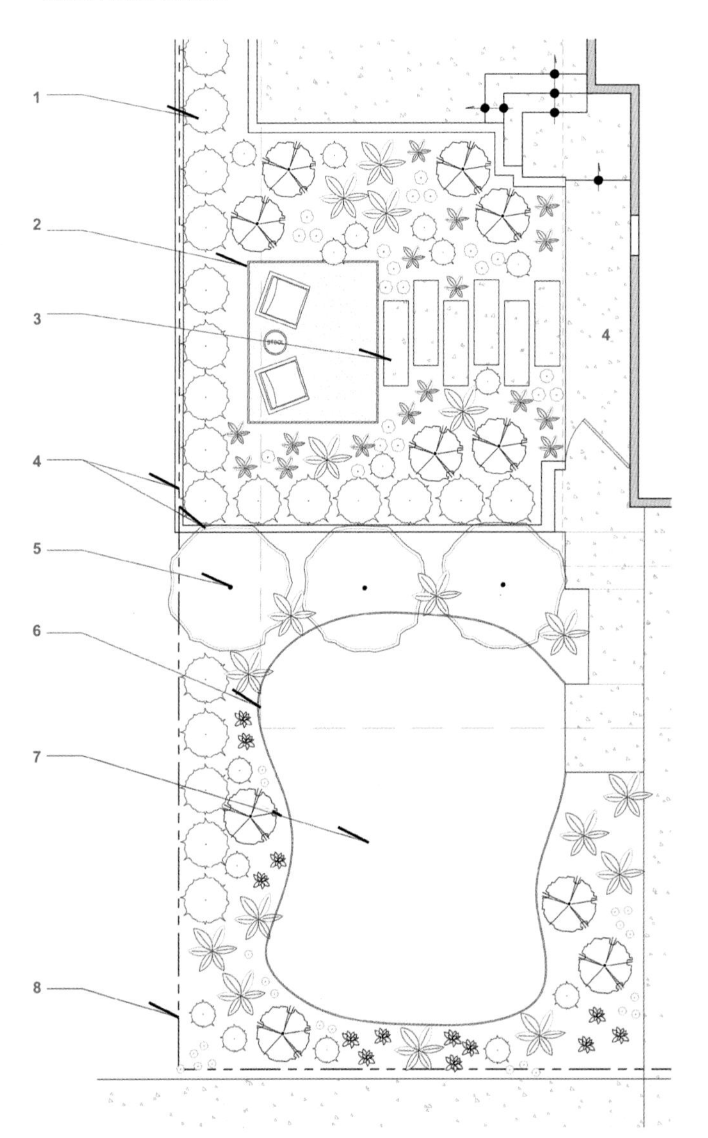

1. 树篱种植
2. 边缘弯曲的砾石座椅区
3. 混凝土板铺设的小路，在缝隙处种植的植物
4. 保留现有的墙
5. 新种植的树木
6. 草坪区的折弯边缘
7. 草坪区
8. 拆除低矮的墙，保护邻居的棕榈树

▲ 混凝土板铺设的小路和砾石铺装的座椅区。

从前门看到的蓝色阿迪朗达克椅子。▶

在前院，我们重新浇筑了一条混凝土车道，并在接缝处种植了植物，使硬景观显得更加柔和自然。我们抬高了前院的地势，移除了这里原来的大石头，并建造了一个植物种植床，四周边界采取了弯曲的折线设计。在这种植了不需要经常灌溉的常绿岩垂草。常绿岩垂草是绝佳的选择，它不需要修剪或施肥，全年都保持丰富的绿色。从 5 月到 10 月，这里开满了可爱的粉红色小花——它们对蜜蜂很有吸引力，所以最好不要在孩子们玩耍的地方种植，但是可以选择将花朵修剪掉。

在中庭院墙旁种了几棵金森女贞，并在周边增加了一些耐旱植物。

穿过大大的庭院便是前门的区域，我们打造了一个休闲座椅区，座椅区选择了本地的砾石铺设，周围种植了郁郁葱葱的植物。穿过现场浇筑的天然混凝土台阶，就可以来到座椅区，这里摆放了两把蓝色的阿迪朗达克椅子，椅子的颜色是为了与前门的颜色搭配特意粉刷的。在台阶的缝隙处种植了银毯，这是一种生长缓慢又耐旱的地被植物。

在装饰性的长椅上摆放着抱枕，长椅两侧的花盆中种植着多肉植物。▼

在墙角一个碗形的花盆中种植着多种多肉植物。▶

主要植物列表

金森女贞
印度榕树
银毯
柳叶马鞭草
鼠尾草
金边剑麻
非洲天门冬
猫薄荷
花叶山菅兰
厚叶海桐
冰山玫瑰
大叶莲花掌
晚霞
阔叶山麦冬
石莲花
蓝羊茅伊利亚
小叶黄杨
美果
常绿岩垂草

除了前院的常绿岩垂草，其余所有的植物都采取了滴灌的模式，通过低流量的旋转器来灌溉。我们种了一排印度榕树篱笆来遮住邻居的屋顶，创造一种私密感。还种植了一大片鼠尾草、佛手草、海棠、冰山玫瑰和小叶黄杨，搭配一些小型植被，如羔羊耳、石莲花、大叶莲花掌和猫薄荷等。为了种植这些植物，我们用了很多护根土。优质的护根土是非常重要的，因为它可以滋养植物的根系，而良好的土壤才能培育出健康的植物。

在靠近前门的台阶上打造了一个有趣的空间，这里摆放了一个白色的长凳，两侧各放了一个方形的混凝土花盆，里面种了一些多肉植物，既丰富了整个空间，又增加了一个座椅区。

◀ 在混凝土小路中间的缝隙种植了多种植物。

常绿岩垂草与冰山玫瑰。▶

▼ 低维护的草坪植被。

利用丰富植物打造的具有现代气息的艺术花园

项目名称： 温布尔登花园
项目地点： 英国，温布尔登
项目面积： 225 平方米
景观设计： 席尔瓦景观设计公司
设计师： 罗伯托·席尔瓦（Roberto Silva）
摄影师： 席尔瓦景观设计公司

设计理念

花园包括 3 个部分。第一个部分是下沉花园，靠近玻璃窗，地势略微凹陷，采用豌豆砾石作为地面铺装；第二部分是草坪区；第三部分是陶艺工作室附近的砾石区。

客户在一本杂志上看到了我们设计的花园——福斯特花园，所以找到我们来做这个设计。他们想找一位对于花园设计比较有艺术感的人来设计他们的花园。

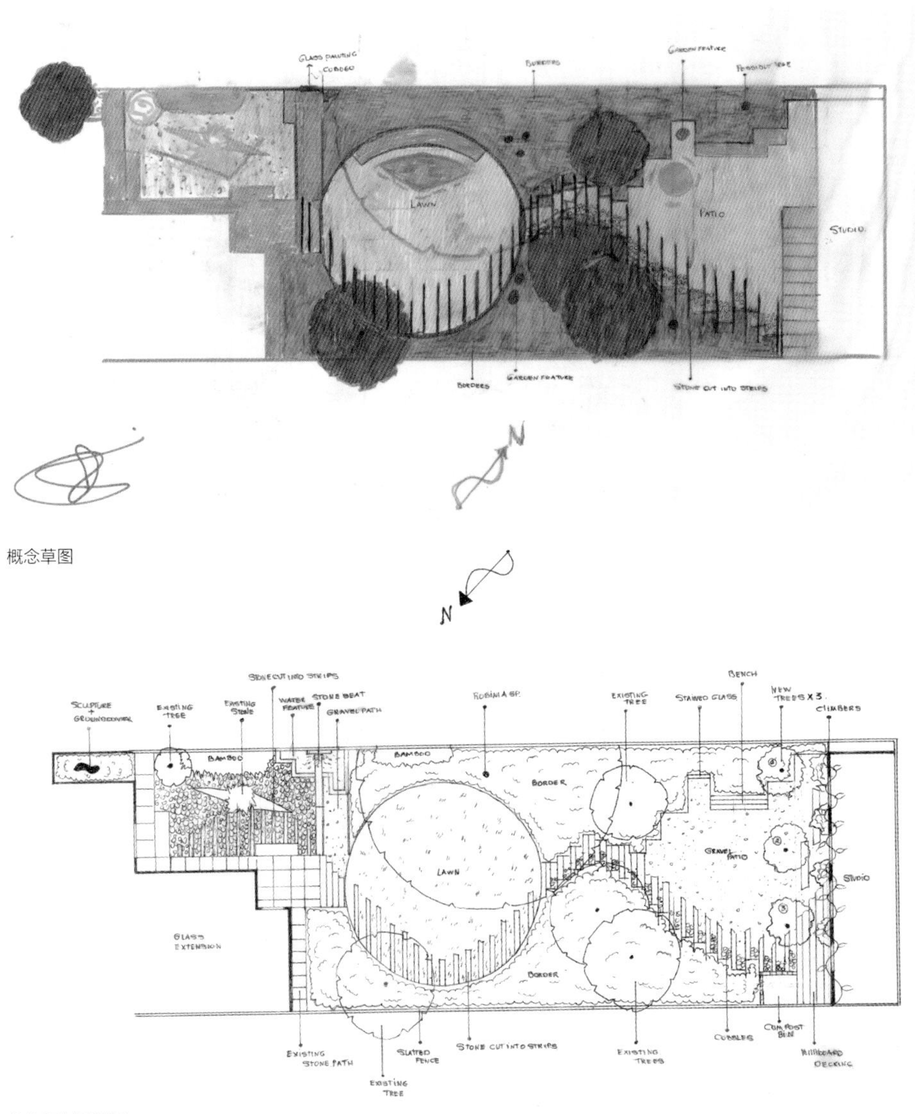

概念草图

总体规划手绘图

▲ 在深灰色栅栏旁种植了竹子和野蔷薇。

位于玻璃窗旁边的下沉花园，采用豌豆砾石铺装。 ▶

客户对我们非常信任，给予我们很大的支配权来打造这个花园，让我们充分发挥自己的想法。他们会尊重我们的艺术观，不会在设计过程中过多干涉。他们想在花园里展示自己创作的艺术作品，因为他们是艺术家。两人在花园的后面各自有一个自己打造的陶器，他们想把自己最好的作品作为花园构图的一部分。其中一件是玻璃制品，最后发现它太脆弱了，不适合放在户外空间，所以很遗憾我们没有在花园里使用它。他们还想在花园的某处打造一个水景。

这个花园设计的主要灵感来自威尔金森和国王建筑师的获奖作品，那是对一个玻璃建筑的延伸设计。延伸部分的设计非常漂亮，创建了很好的视野，但是与原来的花园之间没有太大关系。旧的设计采取的是传统的植物配置方案，有玫瑰和一些老式的多年生植物，客户自己增加了很多功能设施，但是他们是相互冲突的。还有那个淡绿色的户外房间也不是很吸引人。

在干燥的花园里种植了番红花、薰衣草和刺槐，在中央摆放了一个鸟儿戏水池的装置。▼

在花园中间，用两块石头混合堆积起来的日式小丘。▶

我们基本上对整个花园进行了清理，只留下了成熟的刺槐来作为整个花园的主导，还有美丽的银色柳叶梨和紫丁香树。一棵美丽的桉树在设计阶段突然死了。下沉花园部分保持原样，但我们完全改变了设计理念和使用的材料。

◀ 在玻璃屋旁边种了一片竹林，可以在那里乘凉。

▲ 在砾石区的入口处种植了凤尾草，创造了一种郁郁葱葱的效果。

从房子内可以看到外面柳叶梨下有两个老旧的陶土烟囱，成了花园的焦点。▶

在设计的过程中，我们画了 3 张布局草图，向客户展示我们的设计理念，这样他们就可以选择最喜欢的设计方案。3 个设计方案都是现代风格的，并且有很强的视觉冲击，客户选择了一个受日本庭院启发的方案，这个设计和福斯特花园一样，它的主要特点是一条由踏脚石铺设的蜿蜒的小路，贯通整个花园，将 3 个功能空间融为一体。

在玻璃屋的旁边是一个下沉花园，由踏脚石铺设的小路从这里开始，踏脚石之间铺设了卵石。一堵矮墙用考顿钢板包裹着，与客户自己设计的水景结合在一起。这是一个大胆的设计，还使用了几块考顿钢板作为水景的背景，水从考顿钢板上的装置流入下面的陶瓷大碗中，外表看起来像不锈钢材质的。

顺着这条小路走就可以看到客户自己创作的每一件艺术品。在紫丁香树下悬挂着一个陶瓷碗，这是夜晚中的一个亮点。小路一直蜿蜒向前，慢慢变窄，然后消失在一片蕨类植物丛中，一直通向另外一个户外建筑的入口。

这个户外建筑是他们制作陶器的工作室，我们将建筑涂成了深灰色，完全改变了它的本来面貌。

将所有的栅栏也涂成相同的颜色，从而创造一个比较统一的外观。

在玻璃屋旁边原来有一个圆形巨石，被我们移到了陶器工作室附近的砾石区。然后我们在这里建造了一个土堆，在土堆周围种植了爱尔兰苔藓和其他日本风格的植物。在户外建筑的前面种了 3 棵拉马克唐棣，成排种植，给这个空间增添一点儿戏剧性。在砾石区的一个角落里，我们还为鸟儿打造了一个小型简约的戏水池，这个水池是由布里吉特・威尔金森设计的。

▼ 灯光很重要，这一细节的处理让安东尼・威尔金森设计的雕塑焕然一新。

在花园的左侧种植了多种绣球花和鼠尾草，创造了一种多姿多彩的植物配置。

由于客户有一部分时间在毛里求斯生活，所以最好使用人造草坪。对我们来讲，不太喜欢使用这种没有真的草在生长的草坪。但是根据客户的特殊情况和需要，我们还是为他们打造了一个。我们打破了它原来的几何结构，打造了一个略显椭圆形的草坪，并在周围种植了新西兰麻、八角金盘和墨西哥大戟。在花园设计中，相比色彩，我们更加重视质地，所以我们将蕨类植物这样的叶类植物与苦艾和鸢尾混合种植在一起，最后还加入了树蕨和通脱木。我们还在玻璃屋旁边种了山麦冬。将原来的棕榈换了一个位置，并在树周围摆放了一堆大石头，打造一种艺术气息。客户还按照自己的艺术眼光和喜好摆放了一些花盆，并种植了一些一年生植物。

这个项目在设计时还面临一个挑战，就是对原来竹林的控制。这个问题是在他们从毛里求斯来到这个花园之前就存在的。为了避免它们在新花园里继续扩散，我们在竹林周围用重型膜和混凝土打造了一个长长的隔离带。

到目前为止，这个花园还处于继续完善的阶段，还没有完全达到它的最佳状态，还需要在边界种植一些灌木。我们建议客户购买一些长势良好的植物，如金合欢树、拉马克唐棣和草莓等，可以使花园看起来更加丰富，其他一些不重要的地方以后可以慢慢打理。在这样一个一切都在快速发展的时代，客户可以在花园中感受慢节奏的生活，迎接美好的未来。

主要植物列表

棕榈
金合欢树
刺槐
柳叶梨
紫丁香树
新西兰麻
八角金盘
墨西哥大戟
鸢尾
拉马克唐棣
通脱木
山麦冬
草莓

▲ 在水景的底部种植墨西哥大戟和番红花，营造出五彩缤纷的效果。

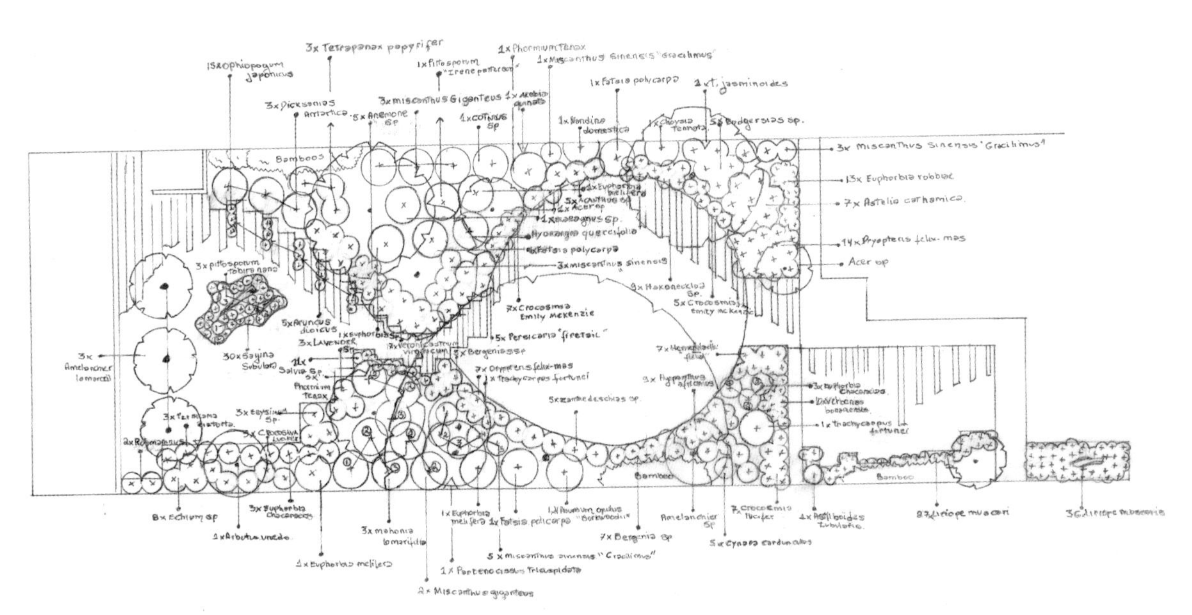

植物配置手绘图

▲ 新西兰麻与水仙花形成鲜明对比，与踏脚石铺设的小路搭配，营造了一种戏剧性的效果。

在可以看到房子和玻璃屋的地方，种植了软树蕨和假升麻等外来植物。▶

利用本土植物打造现代复古风格庭院

项目名称： 现代复古风格庭院
项目地点： 美国，加利福尼亚州，圣克莱门特
项目面积： 306 平方米

景观设计： 生活花园景观设计
设计师： 萨夏 · 麦克雷（Sacha McCrae）
摄影师： 萨夏 · 麦克雷（Sacha McCrae）

设计理念

当我们与客户见面时，他们刚刚开始对自己的家做整体的改造。从中古世纪家居风格上可以明显感受到房主对于复古风格的喜爱。我们也想把这种风格延续到庭院景观设计中。

我们建议在外墙继续使用光滑的白色灰泥饰面，这样可以与建筑外立面的颜色一致，但是要在墙壁中加入装饰性的镂空花纹设计。在现场浇筑的混凝土铺面的小路缝隙中铺满砾石，增加一种现代气息。

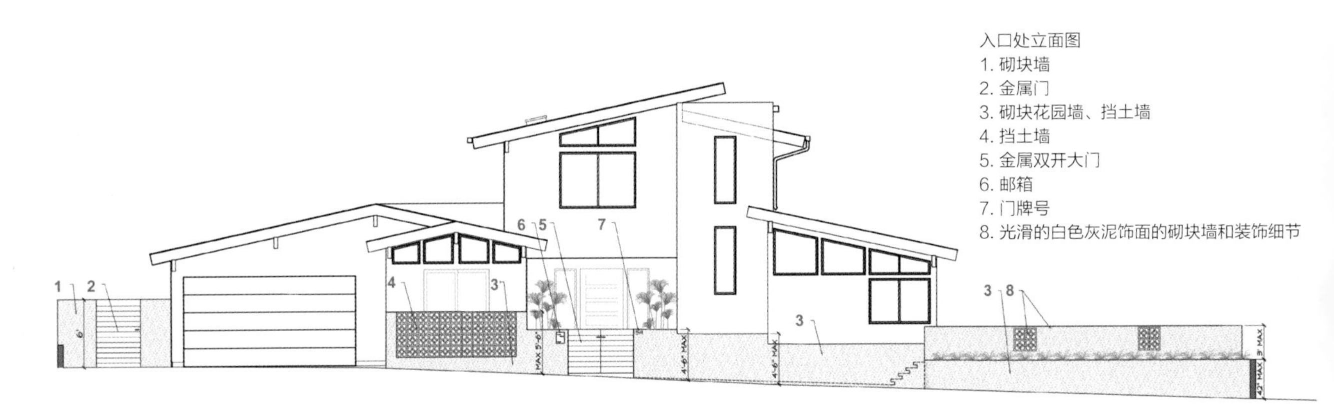

入口处立面图

1. 砌块墙
2. 金属门
3. 砌块花园墙、挡土墙
4. 挡土墙
5. 金属双开大门
6. 邮箱
7. 门牌号
8. 光滑的白色灰泥饰面的砌块墙和装饰细节

硬景观平面图

1. 混凝土车道，混凝土现场浇筑
2. 混凝土铺装和垫板
3. 砌块墙
4. 陶器
5. 花园墙、挡土墙
6. 入口大门
7. 悬空台阶，混凝土现场浇筑
8. 喷泉
9. 高身花槽
10. 栅栏和大门
11. 蔬菜种植床
12. 内嵌长凳
13. 凉亭，里面的秋千由房主提供
14. 户外厨房
15. 金属结构的凉棚
16. 围炉
17. 白色内嵌长凳，光滑水泥饰面，与房子相呼应
18. 预制混凝土台阶
19. 新大门
20. 户外淋浴
21. 毛巾架
22. 保留原有砌块墙
23. 预制混凝土台阶，在中间缝隙栽种绿植
24. 砾石
25. 盆栽
26. 堆肥
27. 新墙与新大门
28. 邮箱
29. 门牌号
30. 挡土墙与栅栏

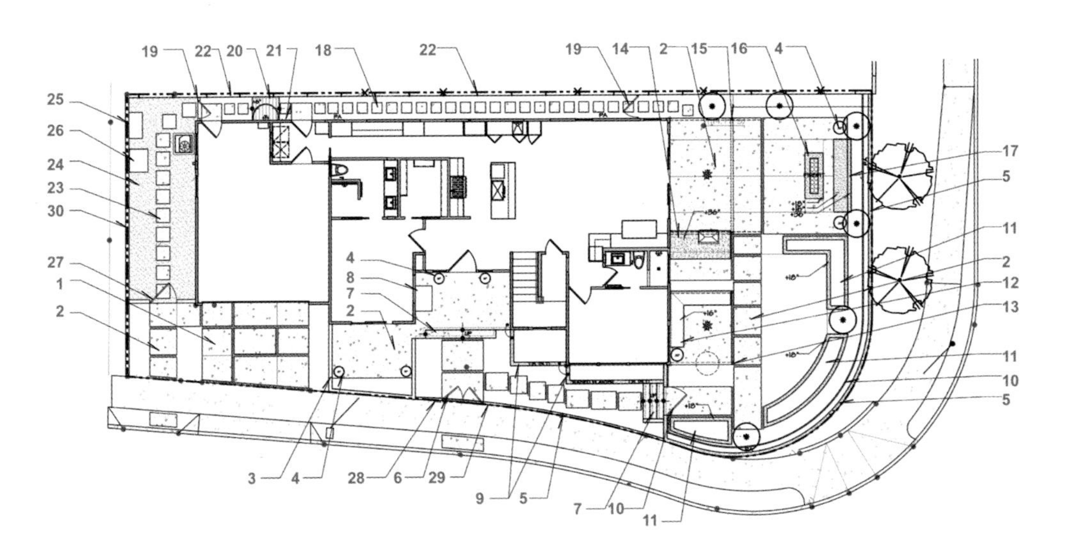

▲ 建筑完整立面图。

装饰墙细节图。 ▶

定制的黑色木门是一大亮点，它与主体建筑上的黑色细节相呼应。而前门采用的是比较柔和的自然色的木门，这是该建筑唯一使用天然木材的地方，非常显眼。我们在门的两侧摆放了两个非常醒目的陶罐，在旁边还打造了两个种植床，种了纸莎草。

入口台阶由混凝土浇筑而成，两边还安装了灯带，为夜晚提供照明。由于院子里有很多斜坡，我们利用挡土墙创建了一个可以通行的小路，同时还可以作为座椅区。

房主喜欢种植蔬菜，将饲料槽改造成了蔬菜种植床。

在院墙外面临街的区域打造了一个两层的大型植物种植床。上层间隔种植了虎皮兰和

前门两侧摆放了两个非常醒目的陶罐，旁边种有纸莎草。▼

▲ 入口处的台阶和植物。

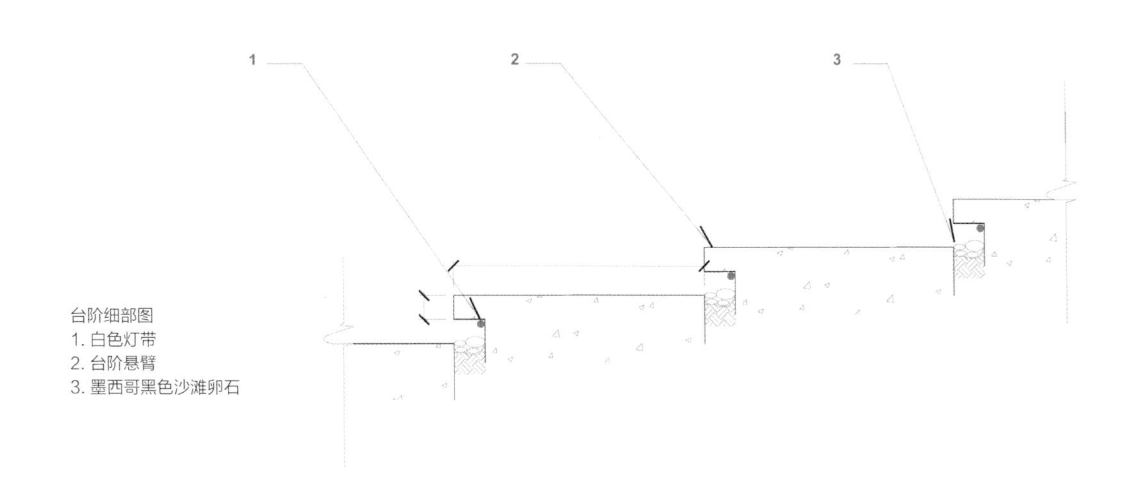

台阶细部图
1. 白色灯带
2. 台阶悬臂
3. 墨西哥黑色沙滩卵石

◀ 在侧院中打造了白色灰泥墙，用混凝土铺设了小路，并用砾石接缝。

▲ 以白色景墙为背景的各种绿色植物。

饲料槽改造成的蔬菜种植床。▶

▲ 光滑的白色灰泥饰面的烧烤区。

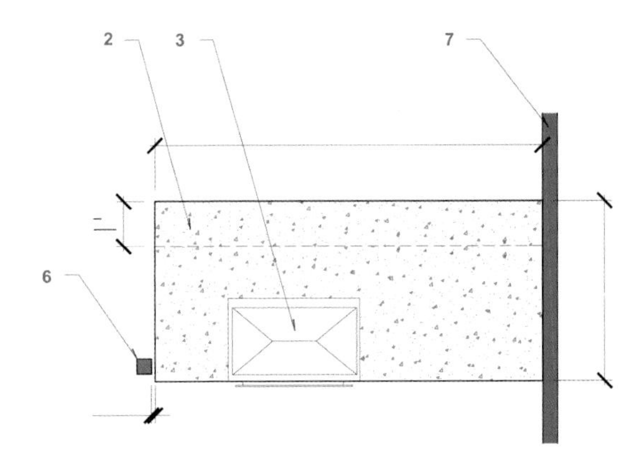

户外厨房岛台细部图
1. 烧烤台
2. 混凝土台面
3. 烧烤设施由房主自己选择
4. 双开门
5. 电动开关盖
6. 旁边凉棚
7. 原有住宅

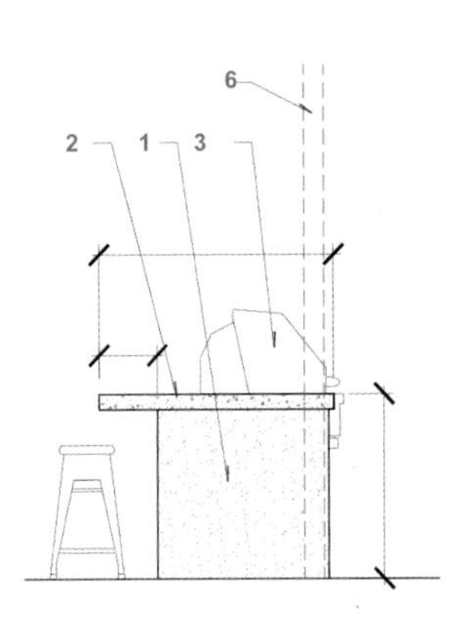

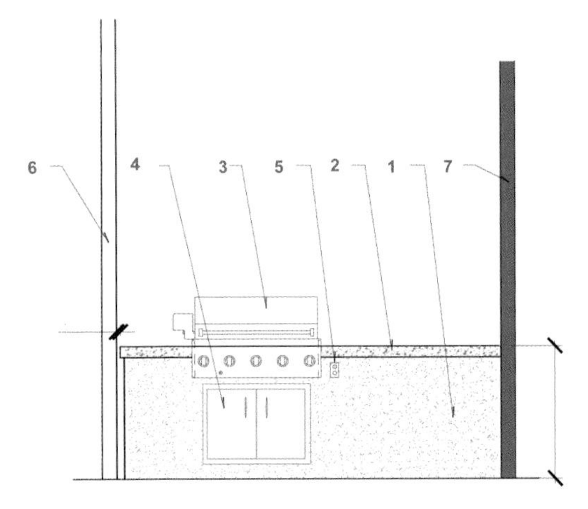

秋千区。▶

瓜叶菊，下层种了两棵帕洛威尔德树，还有一些低矮的灌木，并在灌木丛中铺了一些大石头作为装饰。

由于住宅离海洋很近，加上加利福尼亚州干燥气候的限制，所有植物都选择本土植物或者可食蔬菜，以适应当地气候。采用砾石铺装有利于雨水和灌溉水的渗透，雨水通过土壤层净化，最后流入海洋。

在院墙外种植了多种植物。▼

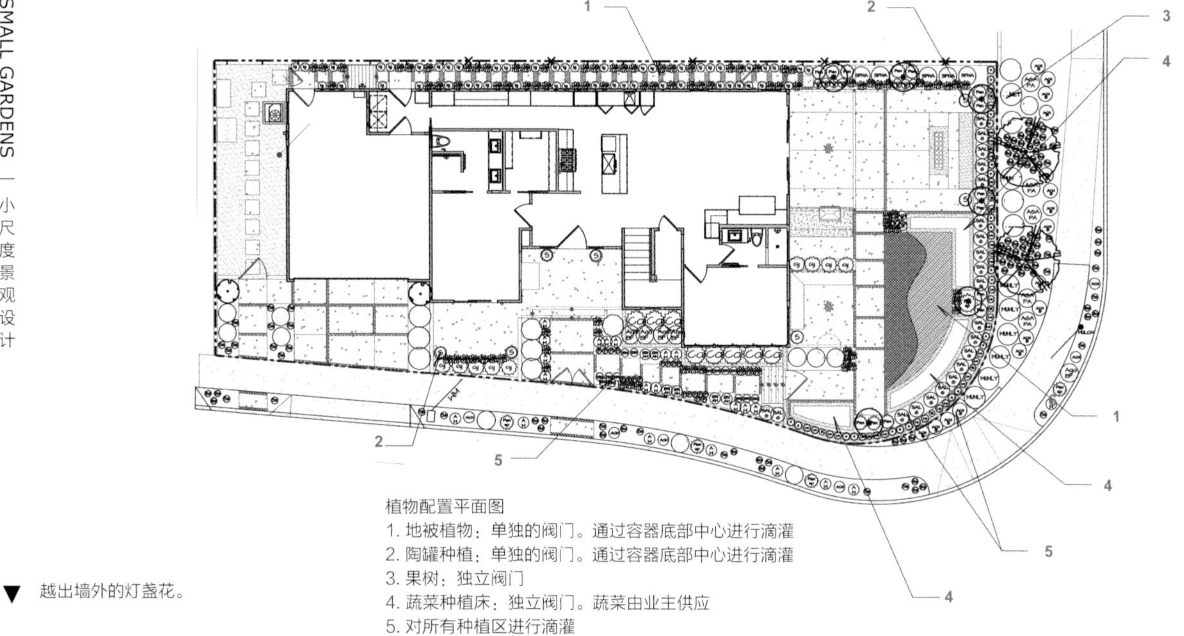

植物配置平面图
1. 地被植物：单独的阀门。通过容器底部中心进行滴灌
2. 陶罐种植：单独的阀门。通过容器底部中心进行滴灌
3. 果树：独立阀门
4. 蔬菜种植床：独立阀门。蔬菜由业主供应
5. 对所有种植区进行滴灌

▼ 越出墙外的灯盏花。

主要植物列表

大叶莲花掌
贝琳达蓍草
黄色蓍草
帕尔梅里龙舌兰
月光龙舌兰
蓝色火焰龙舌兰
贝恩斯芦荟
冷蓝色海草
兰香草
纸莎草
西部草地莎草
银毯
金叶蓍草
海边雏菊
蓝羊茅伊利亚
灯芯草
薰衣草
阔叶麦冬
秋光乱子草
矮麦冬
仙人掌
冰蓝罗汉松
狼尾草
钓钟柳
匍匐迷迭香
红鼠尾草
沙漠球葵
花叶万年青
秋蓝禾
扁轴木
多肉蓝松

◀ ▲ 临街花园的全景。

照明平面图

▲ 方位灯

⊛ 路灯

• 小型向上照明器

踏板灯

壁灯

悬挂灯（LED）

白色灯带（LED）

T 转接插座变压器

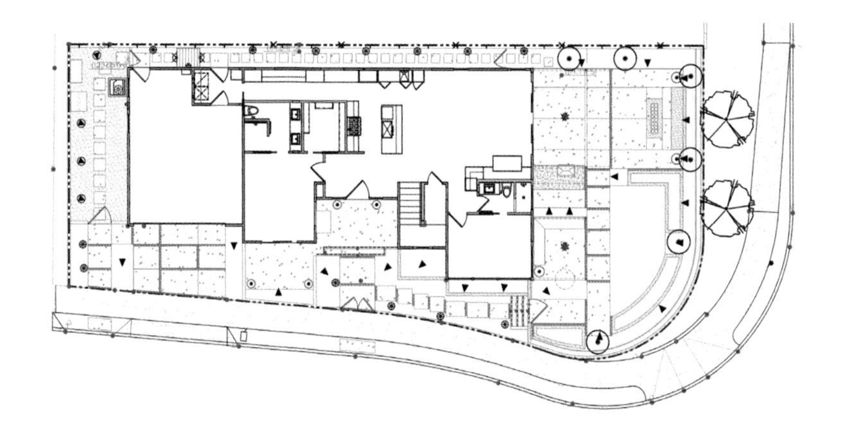

结合现代材料和传统种植模式的英国经典花园

项目名称： 海格特花园
项目地点： 英国，伦敦
项目面积： 375 平方米

景观设计： 席尔瓦景观设计公司
设计师： 罗伯托 · 席尔瓦（Roberto Silva）
摄影师： 玛丽安 · 马耶鲁斯（Marianne Majerus）
杰瑞 · 哈博（Jerry Harpur）
罗伯托 · 席尔瓦（Roberto Silva）

设计理念

海格特花园位于伦敦海格特一个绿树成荫、风景优美的地区。花园分为 3 个不同的层次进行建造，并有两棵英国梧桐作为背景，景象非常壮观。

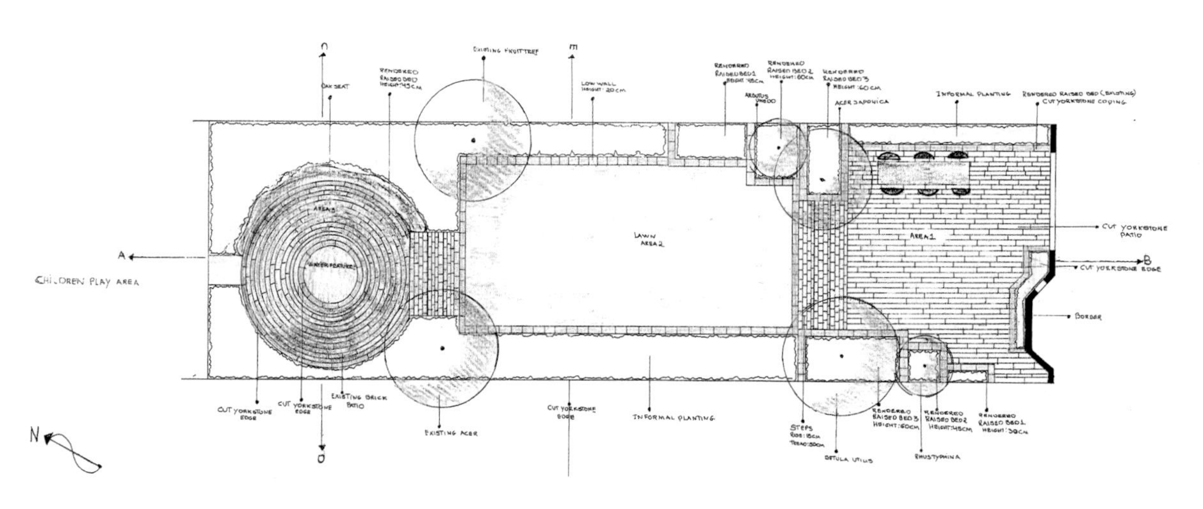

手绘平面图

从中间的露台可以看到凸起的种植床的全貌，向下层叠，里面种植多种植物，金槭、白桦树和郁郁葱葱的攀缘植物（如红叶葡萄）是亮点。▼

在花园的左侧，4 种美洲茶与紫叶小檗的紫色叶子形成了很好的对比，还有一些葱科植物增加了人们的兴趣。

第一个区域

第一个区域采用切割成条状的约克石作为主要的铺装材料，这样可以使空间更具有现代感。虽然房子是维多利亚式的，但室内采用了现代的装饰风格，这就要求花园的设计也是现代的，才能与之搭配。浅色系的铺装与建筑立面的红砖在色调上非常协调。

花园采取了不对称的设计。从房子里向外看，可以看到一侧有一个加高的种植床，另外一侧有 3 个加高的种植床一直通向花园末端。当房主与客人置身花园中央，就可以看到这 3 个加高的种植床层叠而下，更具有动感和雕塑感，创造了不同的空间视角。

在两侧加高的种植床的最高点种植了两棵对称的白桦树。这个花园就是在对称与不对称之间来回切换，彰显了一种传统与现代的完美结合。

这个区域植物的种植非常重视结构与色彩的搭配。以乌尔芬尼大戟为中心，周围种植了很多草本植物，如香芹、萱草和鼠尾草。鳞茎植物是非常重要的搭配，如紫色印象葱、角斗士葱耸立在种植床中非常显眼。

手绘剖面图

▲ 花园的角落里摆放了一张长方形的桌子，在那里可以招待朋友和客人，蜡烛与美丽的风景相称，营造了一种温馨的氛围。

抬高的种植床的细部设计。白色的饰面更显优雅，里面种植了紫色的榛子花，给这个黑暗角落增添一分色彩。▶

第二个区域

继续向下是第二个区域，这里是一块长方形的草坪。草坪边缘也是由约克石砌成的，有一定的坡度，缓缓地通向第三个区域。花园两侧都有斜坡，在一侧建造了抬高的种植床，使整个花园融合成一个整体。

这个区域的植物种植更加重视其结构性，包括石楠、胡颓子、紫云英、紫叶小檗、欧洲荚蒾和金槭等都是整个花园的焦点，非常引人注目。

从右侧看去，那里种植了更多的常绿灌木，如石楠和胡颓子，可以将丑陋的篱笆隐藏起来。▼

手绘平面图

▼ 从花园的正面看去，是令人惊叹的金槭和红叶的石楠，红色知更鸟的红叶成了红砖庭院中的一大特色。

第三个区域

第三个区域是圆形的，中央有一处水景，像一面圆镜，看起来很简单的设计，却可以令人内心平静，这是这一区域的焦点，可以引起人们的兴趣。水景的边缘是由约克石打造的，并在周围用砖块铺设成一个圆形空间，与房子的外立面相呼应，达到和谐统一的效果。

这一区域也种植了郁郁葱葱的植物，在抬高的种植床内种了大量的金竹、树蕨和绣球花。

在这一区域还打造了一个隐藏的儿童游乐区和一条由铁道枕木铺设的环形小路，让人感觉这个花园可以一直延伸向远方。

手绘平面图

◀ 郁郁葱葱的金竹和绣球花，在下面栽种了皇宫紫檀和短叶草。

简单的圆形镜面状水景是这里的焦点。碎石路给人一种花园没有尽头的印象。

主要植物列表

香芹	胡颓子
萱草	紫云英
鼠尾草	紫叶小檗
拉马克唐棣	欧洲荚蒾
紫色印象葱	金槭
角斗士葱	金竹
白桦树	树蕨
乌尔芬尼大戟	绣球花
石楠	

紫藤缠绕在老树桩的顶端，在春天的时候，更加绚烂。 ▼

伦敦北部具有异域风情的
山地花园

项目名称： 麦斯威尔山庭院花园
项目地点： 英国，伦敦
项目面积： 432 平方米
景观设计： 席尔瓦景观设计公司
设计师： 罗伯托 · 席尔瓦（Roberto Silva）
摄影师： 罗伯托 · 席尔瓦（Roberto Silva）

设计理念

这座花园位于伦敦的制高点之一的麦斯威尔山上，四周环绕着郁郁葱葱的树木，景色非常优美。由于室内装饰是现代风格的，所以客户要求花园的设计也要延续室内的风格，实现室内外风格的统一。花园包括 3 个区域：黑色露台区、草坪区和砾石区。

深灰色的栏杆通向小石板庭院，屋主可以在那里享受日光浴，周围被各种植物环绕。▼

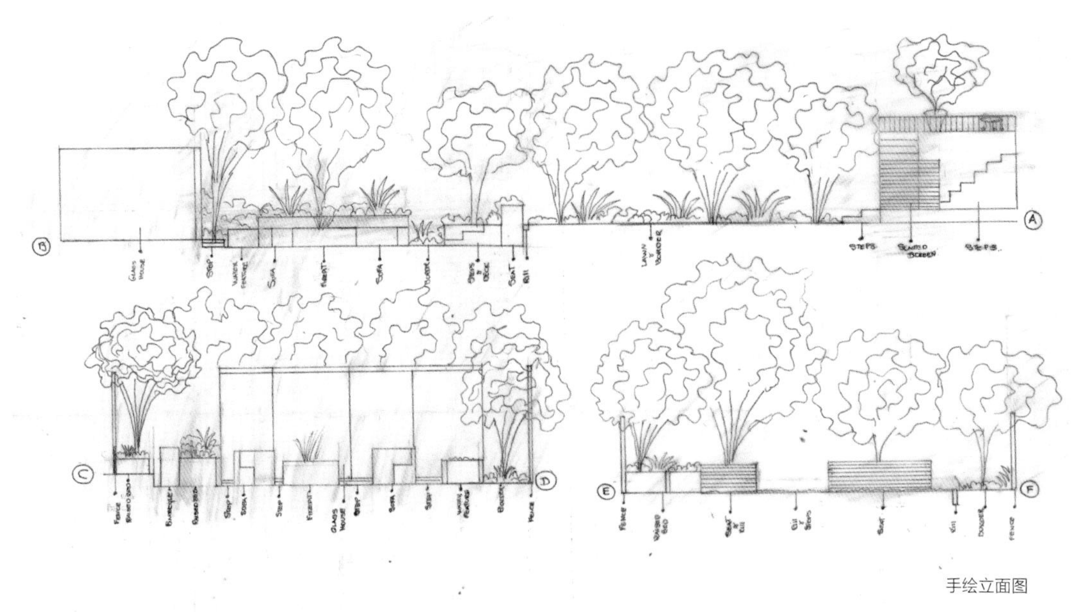

手绘立面图

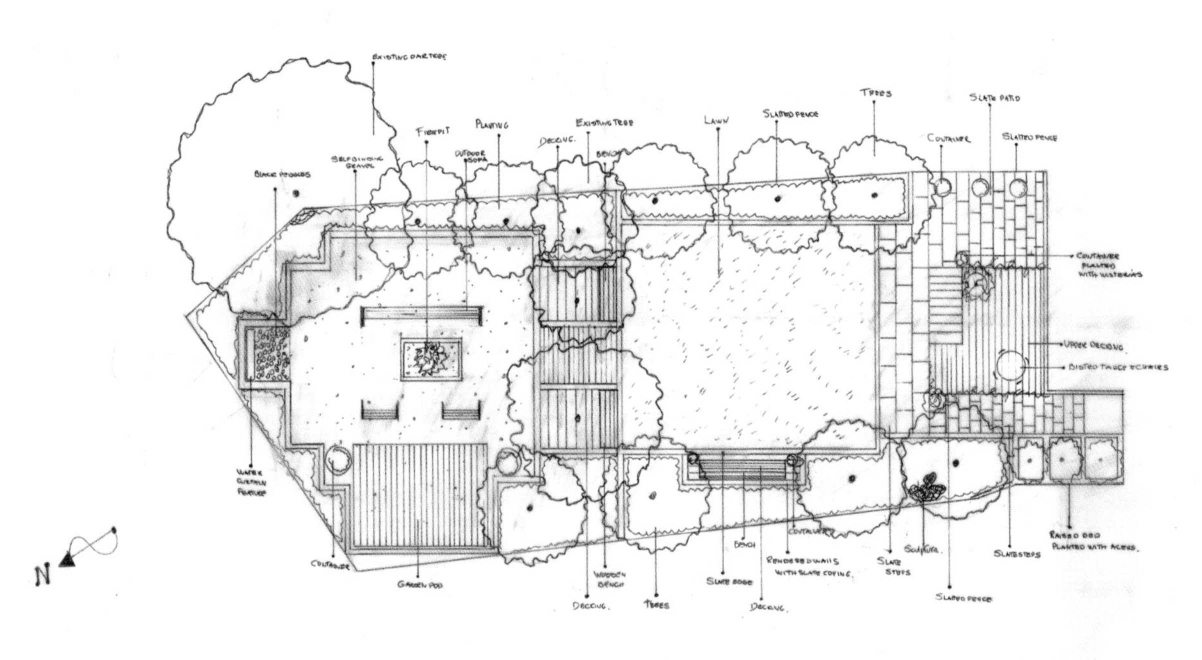

手绘总平面图

第一个区域

之前的房子上安装了自然色的栏杆，客户原本想将其拆除，然后再重新安装一个玻璃材质的。但是我们的设计改变的他们的想法，我们建议将栏杆涂成深灰色，然后在整个花园中体现黑白相间这个主题。花园有两条路线通往较低的区域。一条是通过靠近厨房的栏杆区，这里种植了紫藤和一盆盆的草本植物；另一条路是台阶区，台阶的边上建造了加高的种植床，层叠而下，一直通向花园的末端。里面种植了不同品种的槭树和黄褐斑草。

这里的地面是采用黑色石板铺设的，与白色的种植床形成对比。这个小小的黑色露台区足够一家人在这里休息和晒太阳，同时这里也是将房屋和花园连接起来的一个转换空间。它的旁边有一个漂亮的酒窖和一个储藏室，整个设计都为举办大型聚会做好了准备。

◀ 沿着栏杆种植了紫藤，大花盆里种了无花果。

▲ 非洲龙舌兰与栏杆的深灰色形成一种对比，开满了绚烂的花朵。

可以在露台上用餐，同时享受周围的美景。 ▶

▲ 大型的挡土墙种植床中种植着槭树，下面种植了金叶箱根草。

◀ 种植床里种植了多种郁金香，春天开满了鲜花。

从花园厨房处可以看到层叠而下的种植床和中央的草坪。 ▶

第二个区域

第二个区域是草坪区，边缘是石板顶盖的种植床，缓缓向下通向第三个区域。在这里打造一个小型休息区，摆放一张长椅，并在椅子两端摆放两个镀锌的大花盆，里面种有海桐。

这个区域种植了多种彩叶植物。右侧种有高大的樱桃树和紫荆树，在树下还种植了美洲大戟、马鞭草、芒草、春蓼、薰衣草及许多其他品种的植物。左侧有我们移植过来的木兰、唐棣和秋季开花的秋樱。在它们下方种植了银莲花、山梅花、紫叶黄栌和莨菪。这里还种植了大量的鳞茎植物，如郁金香和葡萄风信子等，这些花可以从春季一直开到初夏。

在高高的种植床中间放了一张长凳，两边都种着海桐。乌尔菲尼大戟以其艳丽的灰绿色花朵成为这里的焦点。▼

长凳、薰衣草和百合科葱属植物为花园增添了色彩。▶

▼ 在花园的左侧，种植着各种常绿植物，如荚蒾花、天竺葵和秋海棠。

这里还有一个过渡区，几棵大树构成一个天然的屏障。山楂树和苹果树是院子中原来就有的，我们面临的挑战就是如何将它们融入新的设计。山楂树和苹果树繁茂的枝叶形成了一个天然的拱门，我们将其定位为整个花园的主轴。打造一个阶梯通向下面的区域，并在树的周围铺设了木板，可以保护树木，同时打造了两个长凳，将这里打造成一个小型休息区，人们可以坐在美丽的树下休憩乘凉。

台阶之间安装了 LED 灯带，营造一种戏剧化的氛围，给夜晚的花园带来一种现代感。在碎石区域的中间放置一个围炉装置，成为这个区域的焦点。▼

第三个区域

第三个区域是用砾石铺设的区域，整个设计是为了让客户体验一下异国情调。用一个小火盆作为焦点，将人们的注意力吸引到这个区域。在左侧打造一个花园房，同时也是一个健身房。这里有树荫，是喝下午茶的好地方，也是举办大型聚会的场所。

在花园中摆放着黑色的小桌椅，与深灰色的石板和栏杆相呼应。 ▶

这里种植的植物更加引人注目，在花园房的一侧种植了树蕨、紫竹和广玉兰。下方种植一些大戟属植物。而右侧种植了银莲花和蕨类植物，使整个空间更加具有异域风情。

到了晚上，花园里的灯光亮了，树被点亮了。台阶之间也安装了 LED 灯带，给整个空间增加了更加神奇而迷人的色彩。

在花园的尽头，根据客户要求将一个花园房改造成健身房，因为两人都喜欢在大自然中锻炼身体。▼

在花园的尽头，种植着多种植物，包括树蕨、大花丽白花和葱属植物，营造出一种异国情调的氛围。▲

主要植物列表

紫藤
槭树
黄褐斑草
海桐
樱桃树
紫荆树
美洲大戟
马鞭草
芒草
春蓼
薰衣草
木兰
唐棣
秋樱
银莲花
山梅花
紫叶黄栌
莨菪
郁金香
葡萄风信子
山楂树
苹果树
树蕨
紫竹
广玉兰
乌尔菲尼大戟

利用多种元素与耐旱植物
打造现代地中海风格庭院

项目名称： 现代地中海风格庭院
项目地点： 美国，加利福尼亚州，圣克莱门特
项目面积： 725 平方米

景观设计： 生活花园景观设计
设计师： 萨夏·麦克雷（Sacha McCrae）
摄影师： 萨夏·麦克雷（Sacha McCrae）

设计理念

房主最初的设想是将原有的景观翻新一下，给房子前院增添一份魅力，让后院看起来更加有吸引力，更受欢迎。原来的景观有很多互不搭配的装饰，而且对于这个家庭来说缺少功能性。我们向客户提出了一个现代地中海风格的设计理念，我们感觉更适合这个年轻的家庭，并且与室内的现代风格相契合。

在前院，我们移走了一棵遮挡房子光线的树，还在铁门的周围增加了装饰性的瓷砖，并在门的两侧摆放陶器，种植一些植物来使入口更加突出。我们还用光滑的白色灰泥饰面替换了原来的芥末色灰泥饰面和棕色瓷砖柱。在车库门上方安装了新的棚架，上面爬满芳香的茉莉藤。

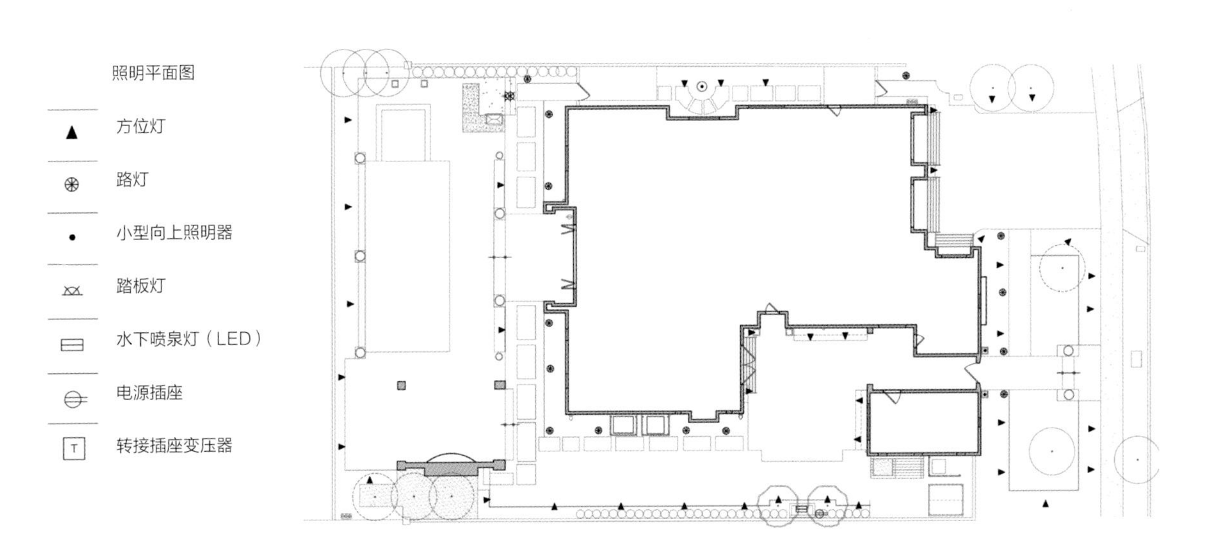

▲ 新改造的入口，用瓷砖进行装饰，两侧摆放了陶制花盆，种满了植物。

池边新的陶制花盆和植物。 ▶

通向庭院的法式拱门，与新打造的花架墙。

原来的庭院布置缺少新意。我们在内庭法式拱门的上方安装了新的棚架，作为支撑茉莉藤的架子。还在入口门周围的墙上安装了一些具有现代感的黑色花盆，里面种植了传统植物粉色天竺葵，这个设计的灵感来自西班牙科尔多瓦庭院设计。

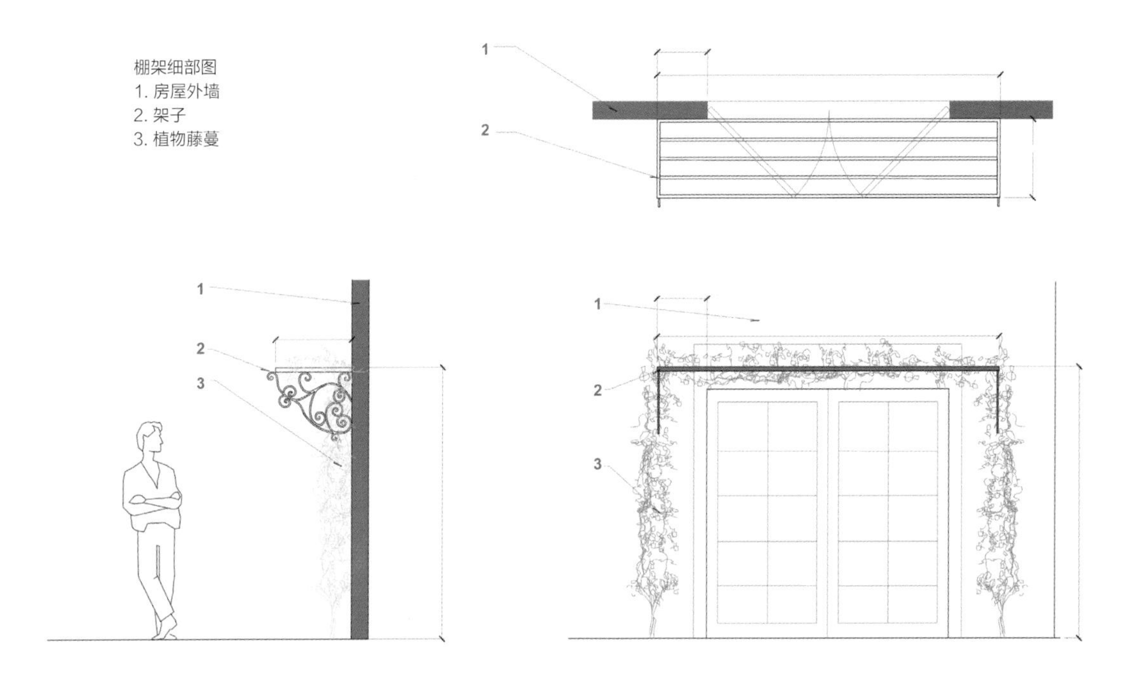

墙上挂满了黑色花盆，里面种植了天竺葵。▶

庭院中还增添了新的陶器和植物、更加宽的种植床、喷泉和树木。在入口门厅处摆放一些新的艺术品，安装了控制台和照明设施。

◀ 优雅的墙壁喷泉，前面种了杨梅树。

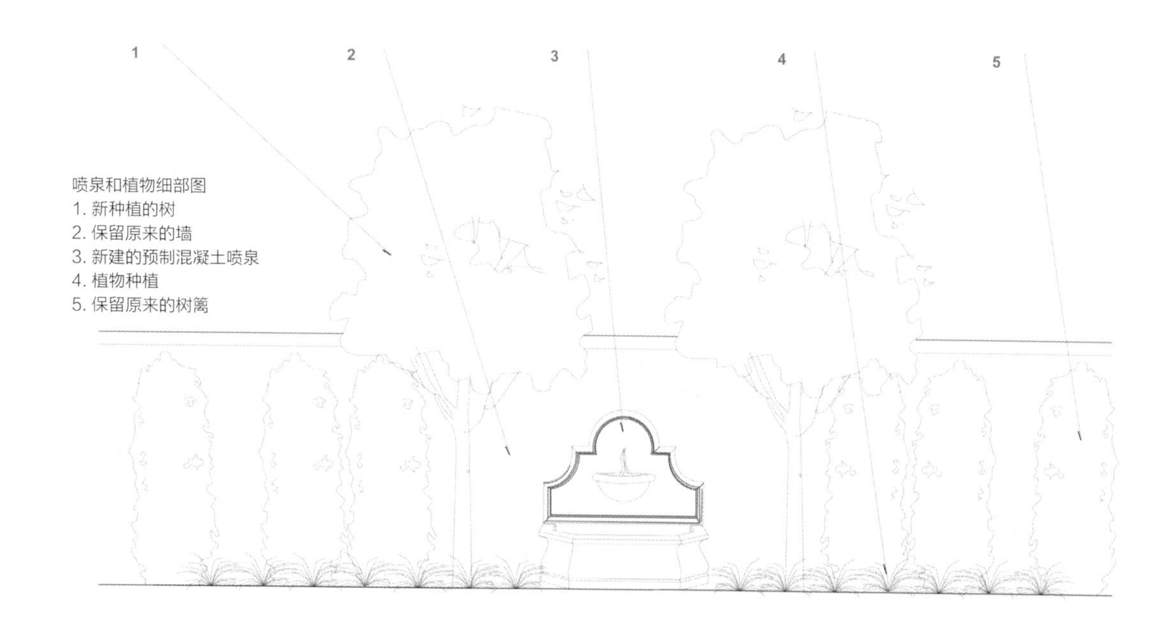
1
2
3
4
5
喷泉和植物细部图
1. 新种植的树
2. 保留原来的墙
3. 新建的预制混凝土喷泉
4. 植物种植
5. 保留原来的树篱

▼ 庭院就餐区。

在后院，我们拆除了原来将后院与大庭院隔离开的锻铁栅栏和大门，给游泳池重新铺上了瓷砖，并将原来的棕色柱子重新粉刷，使之与白色光滑的凉亭顶盖相搭配。将烧烤台移到更具功能性的位置，在凉亭后面的砾石铺装区域种植了新的植被和果树。

为了使这个家更具现代感，我们还增加了一些黑白相间的装饰元素，包括瓷砖、陶器、地毯和抱枕。

◀ 凉亭休息区。

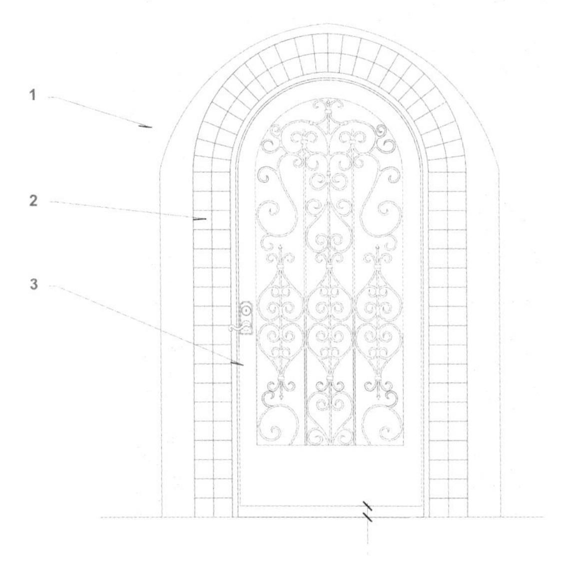

大门细部图
1. 原有灰泥墙
2. 新贴的瓷砖
3. 铁艺大门

通向庭院的走廊。▶

▼ 游泳区。

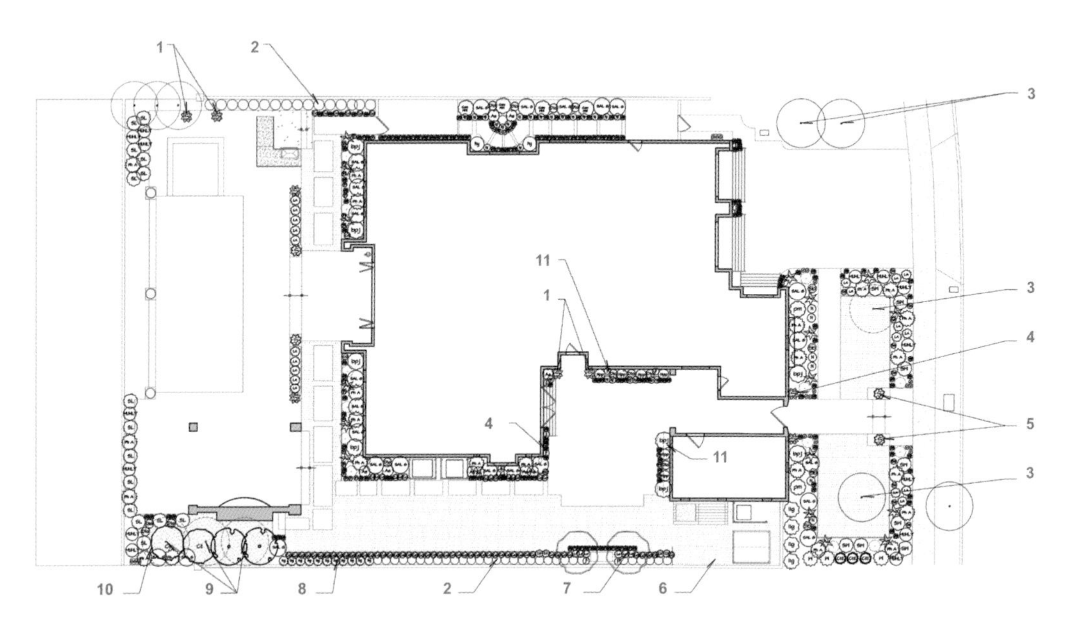

地中海风格的植物配置平面图
1. 保留原来的陶瓷花盆，种植新的植物
2. 保留原来的树篱
3. 保留原来的树
4. 新的陶瓷花盆和植物。安装灌溉设施，换新的土壤
5. 新的陶瓷花盆和植物。检查灌溉设施，增加土壤
6. 移除儿童嬉戏区的树篱
7. 新栽的树
8. 延长树篱
9. 将原来的树移走
10. 新栽的果树
11. 更宽的植物种植床

日本女贞树篱。▼

建筑陶器，里面种有狐尾龙舌兰和尾状千里光，还搭配有蓝点刺柏。

主要植物列表

主要植物列表
小型草莓树
日本女贞
意大利柏树
狐尾龙舌兰
迈氏非洲天门冬
大叶莲花掌
黄杨
茶梅
窄叶薹草
花叶山菅兰
银毯
拟石莲花
以利亚蓝羊茅
白绣球
赫柏
蓝点刺柏
阔叶山麦冬
蓝莓荷叶边薰衣草
贝拉薰衣草
乱子草
猫薄荷
新西兰亚麻
高尔夫海桐
马乔里 · 香农海桐
墨西哥鼠尾草
威弗利鼠尾草
大耳朵绵毛水苏
蓝松
红鼠尾草
沙滩迷迭香
薰衣草角藤
榕树
络石藤

整个庭院都种植着充满地中海风格的耐旱植物。白色、粉色和紫色相间的灌木花丛与沙滩迷迭香、意大利柏树、柑橘树、佛手属植物和海棠属植物相得益彰。

设计的第二阶段将在游泳池后面的大斜坡上混合种植一些耐旱植物。

赫柏、花叶山菅兰、迈氏非洲天门冬、大叶莲花掌。▶

▼ 狐尾龙舌兰、马乔里·香农海桐、旋花和薰衣草角藤。

利用植物色彩搭配打造具有海洋气息的娱乐性花园

项目名称： 莫宁顿花园
项目地点： 澳大利亚，维多利亚州，莫宁顿
项目面积： 856 平方米

景观设计： COS 设计公司
设计师： 史蒂夫 · 泰勒（Steve Taylor）
摄影师： 蒂姆 · 特纳（Tim Turner）

设计理念

客户们想建造一个带有游泳池和水疗中心的花园，里面设有专属的趣味娱乐空间。这是一个现代风格的住宅，距离海滩只有400米，周围是茶树林立的街道，花园的设计可以使建筑坚硬的外观变得柔和。有几个供选择的方案，客户选择了利用干净的线条和几种植物的大面积种植打造的一个结构大胆的有机花园。花园分为3个部分，包括前院、内庭和后院。在植物的选择上面，客户希望充分考虑色彩、色调以及树叶纹理的协调搭配，使之成为花园的亮点。

1. 银杉木地板，木制长凳
2. 撇油口
3. 青石铺装和青石装面的泳池
4. 圆形景观元素。特色围炉景观和花岗岩碎石
5. 蒙脱石英石抛光饰面
6. 无框玻璃泳池围栏和大门
7. 可回收的垂直枕木
8. 蒙特石英石抛光的长凳、烧烤和比萨烤炉区
9. 硬木条屏风
10. 扬声器
11. 随机切割的地面铺装
12. 隐藏式油池泵
13. 酒桶
14. 山景花岗岩
15. 分接头位置
16. 围栏上的网
17. 由客户选择的篮球架
18. 油池泵
19. 客户选择的晾衣绳
20. 油箱
21. 淤泥坑
22. 木材储存区
23. 青石复合砌墙
24. 日本黑色污渍
25. 碎石铺装
26. 科顿种植槽
27. 青石长凳
28. 再生木材
29. 青石铺装
30. 回收铁皮桩
31. 蓝石材质信箱
32. 电源杆
33. 圆形特征切口
34. 休闲品酒区
35. 由客户选择的风扇
36. 咖啡加热器
37. 银杉木地板，所有家具由客户选择
38. 蒙特石英石抛光长凳，冰箱在下面
39. 客户选择的陶罐
40. 长凳
41. 青石台阶
42. 蒙脱石英石外露材料
43. 排水口
44. 水泵
45. 储存区
46. 拖车存放区，山景花岗岩铺装
47. 雪石、水磨石地面铺装，摆放折叠长椅
48. 台阶区，黑色印度鹅卵石环绕
49. 隐藏式排水
50. 青石铺面
51. 可回收直立枕木
52. 80毫米厚青石台阶
53. 黑色泳池围栏
54. 青石镶边
55. 草坪镶边
56. 由客户选择的淋浴设施
57. 硬木屏风
58. 泳池设备区和储藏室
59. 可回收木柱
60. 天然巨石
61. 砖墙艺术
62. 科顿饰边，黑色印度鹅卵石
63. 硬木条屏风和大门

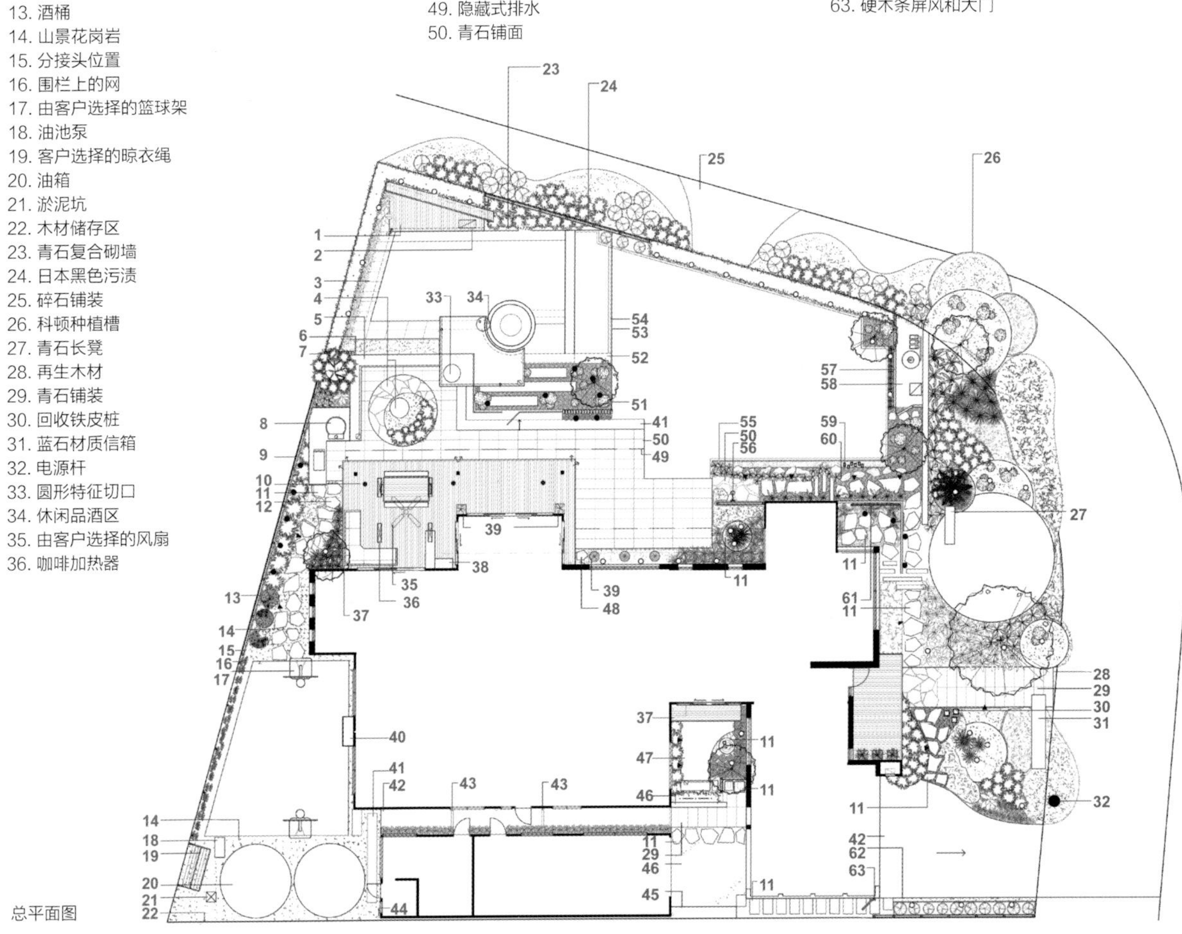

总平面图

植物是客户最喜爱的元素，因此在规划设计中需要使之成为整个花园的焦点。植物的叶子从深绿色到浅绿色形成对比，其中还混合着些许银色、紫红色和黑色。客户准备做一些植物混合种植的尝试，没有地域性和传统的限制。花园的设计还需要考虑低维护性，要尽量使用最少的水进行浇灌。

在前院的小路两侧与缝隙中种种植了各种植物，植物的叶子从深绿色到浅绿色形成对比。

前院

前院最大的特色是有一个圆形凸起的草坪，这也是大家最喜爱的地方，同时也影响了整个花园中圆形元素的重复使用。利用科尔顿钢打造的 3 个环形结构结合在一起，成为空间的一大特色，非常引人注目。里面种植的植物以黄万年青为主，还搭配种植了木麻黄和矮绿蒙多，简单的色彩搭配非常和谐，也使空间中坚硬的线条变得更加柔和。

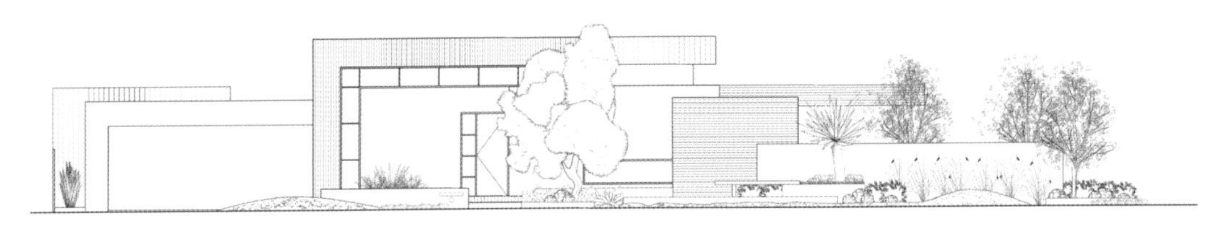

入口立面图

前院最大的特色是有一个圆形凸起的草坪。▼

内庭

内庭的设计很简单，它与外部的元素隔离，因此也稍微脱离了海洋的主题。这里的设计更重视功能性，这是位于客厅对面的一个非常引人注目的场所。进入这里就可以听见水流的声音，让人感到内心平静。墙壁重新粉刷，并在墙边种上了竹子，打造了木栅栏，使整个空间更加静谧。在这个小空间中栽了一棵小型日本枫树，树下种了一些香叶草，在造型、结构和纹理的搭配上非常和谐。在房屋墙边种了一排文竹，柔和了混凝土板带来的坚硬感。

在内庭栽了一棵小型日本枫树，树下种了一些香叶草，并在房屋墙边种了一排文竹。 ▶

后院

将住宅的后院打造成一个娱乐场所。后院的中心是混凝土长凳和火盆。长凳的一端种植了低矮的蓝松和仙人掌，看起来非常整洁。呈月亮形状的多须草丛围绕着火盆，再一次体现了圆形的主题，并且使周围的碎石铺装显得更加柔和。旁边是一个由花岗岩砌成的大型露天烤炉， 方便为围坐在这里的人们提供美味的食物。烤炉下方还种了一些迷迭香。

后院娱乐休闲区。▼

游泳池是后院的一大特色，还有一个圆形的水疗池，圆形的设计与前院的草坪相呼应。水疗池位于餐厅板块的中央，犹如一个反射镜，可以倒映出周围草树和蕨类植物的影子，创造一个栩栩如生的生活情境。利用橄榄树来遮挡栅栏，橄榄树是当地常见的植物，并种植了棉毛水苏，延续了前院的银叶植物。这里再次重点采用了造型植物，没有一定的规则，如大树芦荟和日本枫树混合种植在一个区域，没有违和感，非常和谐。

▼ 由花岗岩砌成的大型露天烤炉。

▼ 呈月亮形状的多须草丛围绕着火盆。

利用植物的色彩搭配创造了一个具有海洋气息的郁郁葱葱的花园。各种色彩相辅相成，打造了一个具有多层次和多样性的娱乐场所。并没有严格按照海岸植物的要求来种植，而是打造了一种海洋风格，体现了莫宁顿半岛的风格和特色。

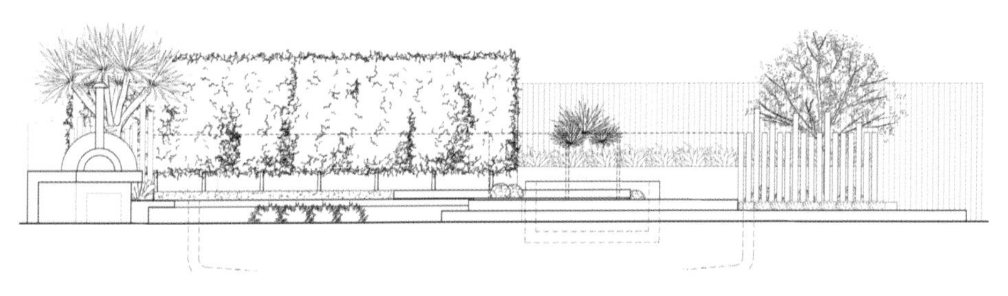

游泳池立面图

游泳池是后院的一大特色。▼

圆形的水疗池设计与前院的草坪相呼应。▶

◀ 后院夜景。

▲ 前院小路。

▲ 前院的圆形草坪区。

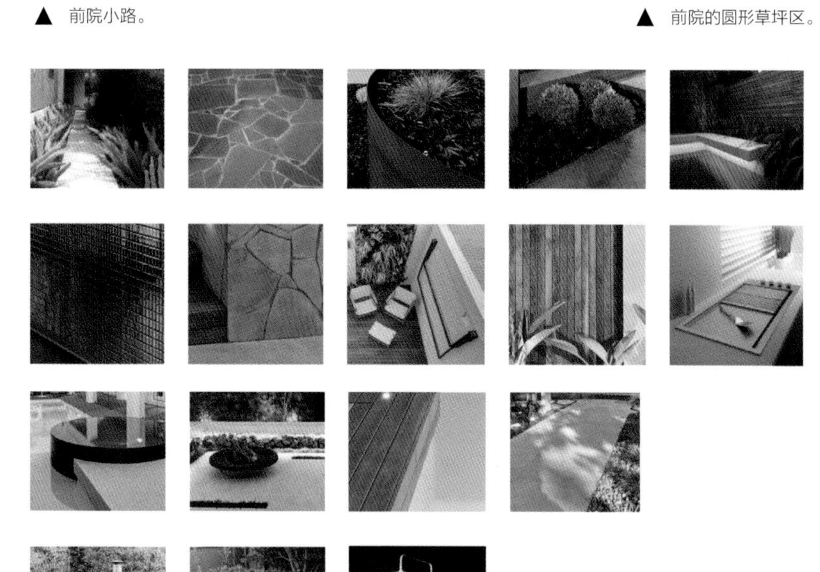

景观元素配置图

主要植物列表

编码	通用名称	数量	盆尺寸
树木			
Ab	大树芦荟	1 株	200 升
Acp	日本枫树	5 棵	50 厘米
Da	松树蕨	1 棵	50 厘米
Hp	尼泊尔青竹	4 株	50 厘米
Oet	托利直立橄榄	13 株	200 升
Xg	草树	6 棵	
灌木和草			
Aa	龙舌兰初绿	10 株	33 厘米
Ag	双花龙舌兰	19 株	33 厘米
Acm	戒子金合欢	2 株	33 厘米
Ad	文竹	25 株	20 厘米
Bs	金叶黄杨		
Ch	哈林顿紫杉	13 株	30 厘米
Cos	福娘	45 株	15 厘米
Cm	君子兰	3 株	20 厘米
Eg	黄金仙人掌	3 株	15 厘米
Em	桃金娘	12 株	20 厘米
Hsp	矾根	20 株	15 厘米
Lc	多须草“小骗子”	12 株	20 厘米
Lcs	多须草“海景”	21 株	14 厘米
Lrp	百合草	12 株	15 厘米
Nm	南天竹	56 棵	15 厘米
Pt	三叉戟	18 株	15 厘米
Sr	天堂鸟	11 株	30 厘米
Sp	小叶鹤望兰	9 株	30 厘米
Tf	水果兰	21 株	14 厘米
Wef	沿海迷迭香	43 株	14 厘米

地被植物和爬藤植物			
Cg	木麻黄	12 株	15 厘米
Ee	仙人掌	40 株	15 厘米
Mwl	冰叶日中花	42 株	5 厘米
Ojn	矮绿蒙多	400 株	每盘 40 株
Opn	黑芒草	1490 株	每盘 40 株
Pe	鸡蛋果	6 株	12 厘米
Ro	迷迭香	24 株	14 厘米
Sb	棉毛水苏	25 株	20 厘米
Sbc	线球草	12 株	15 厘米
Sc	蓝松	84 株	10 厘米
Sm	翡翠景天	14 株	10 厘米
Sgb	佛甲草	18 株	10 厘米

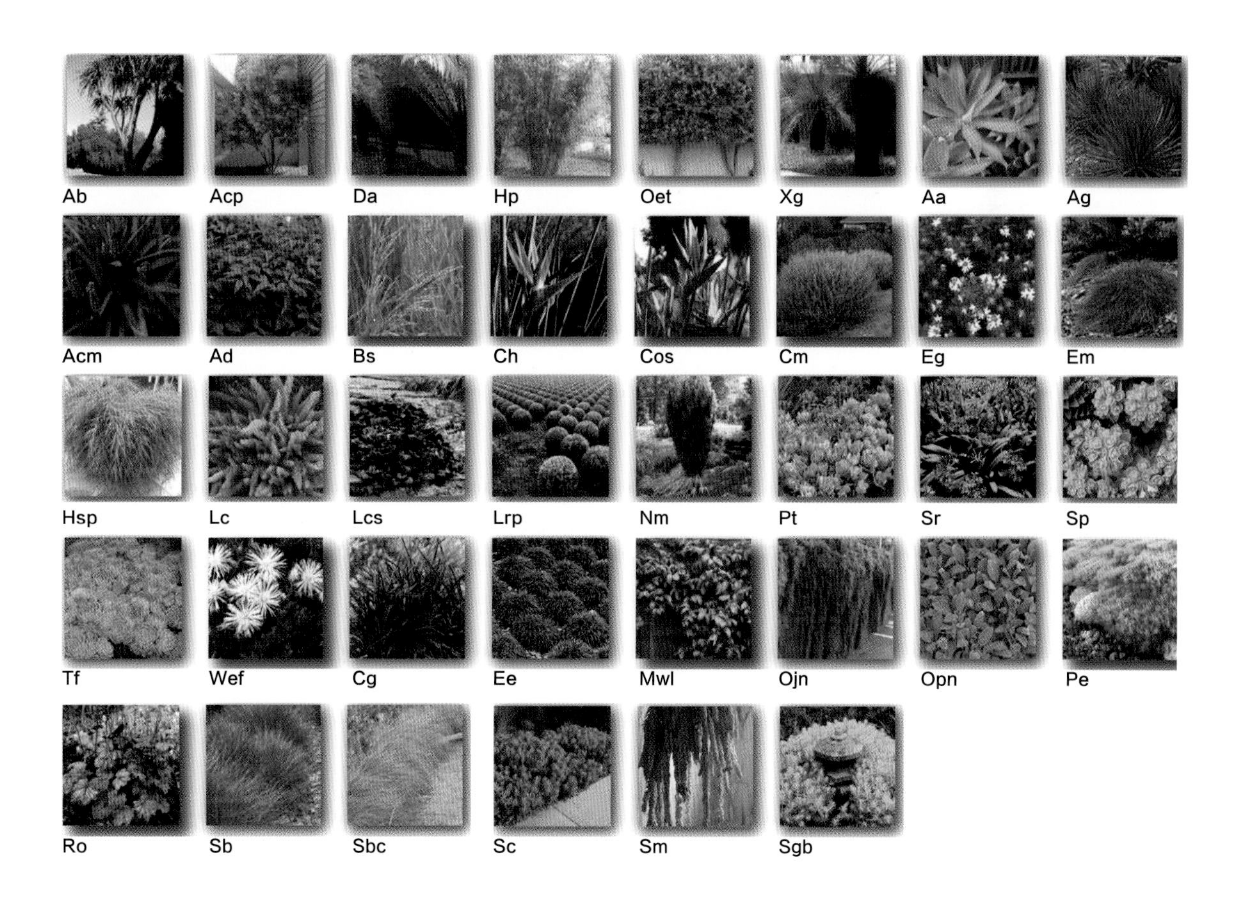

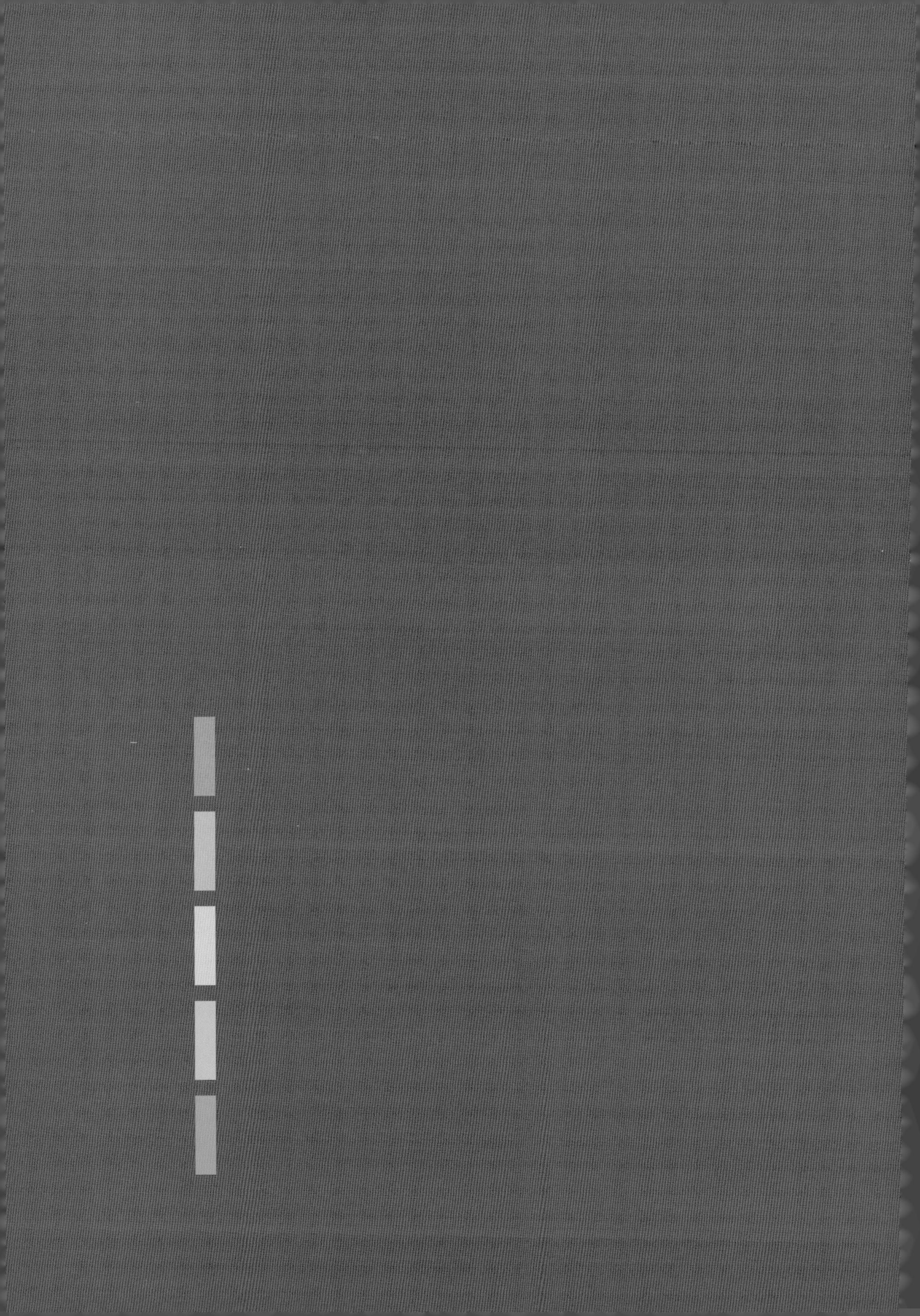

PUBLIC GARDENS

公共空间花园

浅谈小花园设计

史蒂夫·泰勒——COS 设计公司首席设计师兼项目经理

一个小的户外空间没有明确的最大尺寸，变化范围极广。这完全取决于在可用空间中需要包括哪些内容。一些标准的后院设计愿望清单上有游泳池、池边日光浴区、露天区、围炉区、儿童草坪区、花园棚和隐蔽的公用设施空间。这个曾经宽敞的空间一下子就变成了小空间。如果一个 40 平方米的庭院里设置了烧烤区、露天餐桌、长椅和外围植物，那它可以被归类为大庭院花园。因此，在定义空间的大小时，我们需要评估与可用空间相关的功能需求和特征。作为设计师，小空间往往能提供最大的挑战，每一平方米的空间都至关重要。大空间往往不要求细节，而这些细节正是小空间既美观又实用的关键。

汉普顿项目
景观设计：Signature 景观
木材储藏：Lump 雕塑
摄影师：蒂姆·特纳

汉普顿项目
景观设计：Signature 景观
摄影师：蒂姆·特纳

简单是第一法则，不要过度设计。这是为了确保空间中功能的简单性，使空间能够保持干净和开放的感觉。另外，还要考虑中心特色的最小化（例如，把露天桌子放在角落形成包厢风格，而不是放在庭院中央）。或者，将水景（或其他焦点）放置在空间后方拉长远景。用长椅搭配餐桌——而不是 3 把靠背扶手椅——将有助于尽量减少杂乱感，让空间看上去更简洁。其他的视觉技巧有：利用墙上的镜子和打造多功能元素，墙壁上使用的镜子和建筑物品，这些东西成为多功能的元素；例如，在 45 厘米的高度上建造向外凸出的花架，当客人较多时，花架可成为休闲座椅。简洁的线条也很重要。我喜欢使用大块的铺装来减少拼缝（有人觉得小块铺装会显得空间更大，而我却不这么觉得），并确保所有结构的比例平衡。不要试图在一个空间中创造太多不同的区域——3 个小而紧密的不必要空间可能会影响功能性，而两个尺寸得当的区域则可能更实用，更简洁。

色彩可以在一定程度上影响空间的视觉效果。我们设计了许多搭配暗色围栏的小空间，它们的外部边界很明显，但是聪明的设计能提升空间感，减弱边界感。浅色铺装也能营造更好的空间感，但是你需要注意眩光因素。实现空间最大化的方法是结构布局和层次，而不是色彩。

植物的选择丰富多彩，但是在小花园里有许多植物空间是明确的“无人区”。树木是第一个需要谨慎选择的元素。长远来看，大多数树木根本不适合小型城市空间。大橡树、悬铃树、白蜡树、枫树和榕树对于小空间来说可能是一场灾难。因此，在世界范围内，苗圃行业都在用基因工程令树木矮化。迷你木兰、枫树和矮人番樱桃等树种的推广让设计师可以在小型城市地块里种植美观的树丛和灌木，并保证它们的长期生存能力。你需要选择与空间相匹配的小型品种，以便长期管理。针对庭院空间和屋顶花园，花盆也是一个好方法。苏铁、银杉以及更紧凑的橄榄品种（如“直蜡烛”）可经受修剪，适合盆栽。你还可以在小空间的阳面打造一个小型精品蔬菜 / 草药园。选择是很多的，所以你需要长远考虑，以确保植物不侵占主导地位、弱化空间。要确保使用紧凑品种，不让植物在空间内过度生长。

在小空间也能设计水池，但是面临的挑战也不小。在小空间里设计水池特别棘手，因为水池栅栏确实会破坏庭院区域的功能，没有什么比池边的栅栏更糟糕的了。

基东花园项目
景观设计：Esjay 景观与池景
雕塑：Sculptura
摄影师：蒂姆 · 特纳

金斯维尔花园项目
景观设计：Bayon 花园
缸式水景：水景直线
景观照明：夜间花园
摄影师：Highlyte 摄影

这时专业的设计师就显得尤为重要了。另一个建议是设计与空间比例匹配的水池，水池不能超越空间。把游泳池推到边界，但请注意，靠近围栏 1 米需要进行工程考量。因此，还是需要专业建议。如果你想跳出限制区域，那么另一个简洁的技巧是在空间外 1.2 米处建造水池，并利用水池的围墙作为栅栏，将剩余空间最大化。这同样涉及安全问题，需要专家建议来考量远眺和栏杆等事宜。

小空间的好处很多。第一，它无须过多养护。 而且，小空间往往需要强烈的视觉冲击，在设计角度上的美学回报价值更高。小空间还有一种诱人的私密感，营造出一种温馨的户外生活环境。即使空间很大，也可以在宽阔的开放区域内创建一些小分区，营造一种隐私感和亲密感。在为客户进行设计时，我们常用这个技巧。从成本角度来看，基于空间、材料和劳动力的用量，小花园往往可以节省成本。但是，因为密集的硬铺面设计，

南墨尔本项目
景观设计：汉密尔顿景观
摄影师：埃里克 · 霍尔特

复杂的细节（物料存储、双重处理等），许多高度结构化的小庭院的价格也十分惊人。

所以，我最后的建议是要联系有经验的景观设计师，他们了解相关法规，能进行相应设计。在建设时，请联系当地的行业协会，找有注册资格的景观承包商，他们不仅能为你合法建造花园，还能提供 10 年的标准结构质保。

南墨尔本项目
景观设计：汉密尔顿景观
摄影师：蒂姆・特纳

Malvern 项目
景观设计：签名景观
摄影师：蒂姆・特纳

趋势对小花园设计起着巨大的作用。我现在看到的主要趋势是越来越多的功能元素被引入小空间。门槛不断提高，从嵌入式长椅和火坑、室外电影院、可伸缩（灵活）屋顶结构、室外厨房、小水池，到跳水池 / 水疗中心。植物强势回归，逐渐替代了硬铺面在花园中的统治地位。户外家具和装饰特色也随着室内元素和色调的发展而进化，为室外空间装饰提供了许多新方法。

在过去的 20 年，景观设计发生了翻天覆地的变化，景观设计师必须遵循的专业程序、当地法律和建筑规范的要求。例如，场地渗透率不能低于 20%，但它主要是缓解现有雨水基础设施的压力，因为现代家庭的屋顶空间更大；还有助于空间内部及周围的土壤的自然扩张和收缩。边界的设计有许多规则限制，比如边界的高度（以及边界上结构的间距）、超过 2 米高的围栏、边界上某些结构的防火等级，以及小于 500 平方米的街区通常会涉及城镇规划。

Abbotsford 项目
景观设计：汉密尔顿景观
雕塑：Lump 雕塑
摄影师：瑞贝卡・杰威尔

花园设计的灵感来源与设计技巧

罗伯托·席尔瓦——席尔瓦景观设计公司

当设计花园时，理念、灵感和天赋来自哪里？这似乎是一个谜。在我看来，理念来自生命中储存的空间记忆和情感碎片，它们最终形成了特定场景的空间。

在我自己的宇宙中，最能激发灵感的是户外建筑如何通过使用不同的材料和纹理来满足自然。通过研究罗伯托·布雷·马克斯、托马斯·丘奇、约翰·布鲁克斯和许多其他设计师的作品，我获得了灵感。 我从他们那里学到：除了实用之外，花园空间可以有艺术性的布局，形成与自然世界截然不同的画面。正是在人造自然的概念中，我决定在设计花园空间时树立自己的风格气质。

除了花园设计师，我还对理念的交叉渗透感兴趣，还有室内设计、文学、音乐、雕塑、诗歌等其他艺术形式。这些增加了新的层次，帮助我通过平衡、节奏和比例创造出人们可以漫步其中的故事。

对植物材料的欣赏，它的形状、气味、纹理和色彩创造了最重要的层次，软化了花园的硬景观。这些与科学、生物学以及可持续设计相结合，使设计空间永恒，而又拥有不断变化的艺术形式。

与客户交流

在设计花园时，双方的第一印象很重要。通常，好的花园设计能反映客户的个性和品位。了解客户来自哪里并以此为灵感，这是花园成功的关键。你需要从他们那里得到设计要求并圆满完成。

了解建筑空间与花园

了解建筑及空间精神是设计花园的另一个重点。我总是说，花园设计是有条件的艺术，因为花园设计受到诸多因素的限制。

建筑外观总是影响我对材料的选择。维多利亚时期住宅的红砖可以通过浅米色的石灰石变得现代，也可以通过砂石变得更加传统。现代的室内设计也能反映在户外空间中。关注室内所运用的色彩，地面就能创造出内外翻转的效果，甚至家具的颜色也能反映在植物的选择方案中。

灵感可以来自这些方面，也能从与客户、住宅及花园碰面后所收集的任何事物中获得，可以是杂志和书籍，也可以是离开住宅后存在我记忆中的植被。

画板

当会见客户、空间调查和了解、地点调查、项目优缺点分析等事宜都处理完毕后，我会回到画板前进行草图设计。这时，所有碎片都汇集在一起，就像斯图尔特·卡夫曼说的：“伟大的创造力需要在头脑中保存不同的碎片，同时寻找一种模式来实现它们的结合。”我也总是先尝试认为空间可以做另一种方式，但我也相信，如果我不能做得更好，我们可以坚持传统。我认为花园设计史是灵感的来源，我们总是可以对它进行改造，使其适应现代和当代的世界。

我也相信，在画板上，设计师会迸发出天真、趣味和洞察力。如果不能使用先例来提升想象力，那么这些品质会让我们自由地创新。

草图设计在我的设计过程中是最具创意的一部分，之后就是理念的精细化——这一过程在花园设计中永无止境。

总体规划遵循草图设计，这是未来所有图纸（如植物规划、详细设计、施工图等）的蓝图。 在我看来，这仅仅是一个指导原则，整个创作过程只有在花园建成且种好了植物才算结束。 那时，只有种植还是创造的过程。

随着花园的成熟，至少在前 3 年，后续访问都是很重要的。在此期间，设计师仍然可以有大量的输入。好的花园不是一年建

金宁顿花园

海格特花园

成的，而是设计师或园艺师用敏锐的眼睛经过多年努力才能完成的。

内容

正如前面所说，我喜欢在花园里设计雕塑元素，因为空间意识和三维图像是非常重要的。

材料要精挑细选，我最喜欢石板、石灰石或陶瓷。陶瓷所需的维护少，也不容易脏。我也喜欢天然木材和深灰色油漆，因为它能很好地搭配植物。米色植物让这种灰色材料、茂盛的常青树和建筑植物充满生机。

尽管我一直在研究新材料，因为这是花园设计中一个很大的限制条件。不仅是艺术词汇和新艺术运动能反映花园设计的变化，材料也能。从陶土、不锈钢到柯尔顿钢都反映了变化。不幸的是，与室内设计相比，花园设计的变化要少得多。

我喜欢以浅色植物开启季节。经过漫长的黑暗的冬天，我们需要善待自己，所以我的客户选择温和色彩的灯泡。我常选用郁金香、白芷、昙花、麝香和微型水仙。它们创造出烟花一样的绚烂色彩，能一直延续到春天结束。此时，草本植物仍在生长。葱花是春季最后的花种，然后草本植物开始接管我的花园，直至冬天。

这些都围绕良好的结构植物（如常青树）展开。在更多的建筑传统空间中，玫瑰灌木下方种植着荆芥和羽衣草；现代空间则由欧洲紫杉环绕，下方种植着知风草、 大戟和鸢尾。异域植物我喜欢树蕨，它可以种植在下层，像八角金盘、新西兰麻、鳞毛蕨、马蹄莲一样。可选用的植物种类丰富，组合更是多姿多彩。

花园设计是一种非常复杂的艺术形式，但尚未像电影、绘画和雕塑那样被广泛认可。但是，它有电影剧本的叙事，有雕塑的三维雕塑形式，也有音乐性，即植物构成的节奏和平衡。它是科学，也是生态学，它改善了我们的环境质量，振奋了我们的精神。

美丽而充满律动的办公花园

项目名称： 办公花园
项目地点： 意大利，米兰
项目面积： 80 平方米

景观设计： CM 绿色设计
设计师： 克里斯蒂娜·马祖凯利（Cristina Mazzucchelli）
摄影师： 克里斯蒂娜·马祖凯利（Cristina Mazzucchelli）

设计理念

这里是意大利一家历史悠久的连锁零售单位——维格集团总部，该项目主要是对办公楼的中庭进行翻新改造。通过大大的落地窗，可以从室内的办公空间看到这里。

该办公楼的绿化空间非常有限，但其所处的地理位置很有优势。绿化区域包括一个通风井，一个小阳台，还有一个位于车库顶部的屋顶花园。很明显，屋顶花园是需要集中精力来设计的区域，要将其打造成一个具有代表性的空间，可以给经过这里或者在这里短暂停留的人们带来欢乐，也可以使办公室里的人们望向这里时感到愉悦。

这也是一个适合沉思的空间，它的受益者是在这里工作的员工们和在这里等候的供应商们。该项目还考虑利用光学望远镜的特点和优势，将植物作为这里的视觉焦点进行设计，不影响位于玻璃窗边缘的人们欣赏到这里的美景。

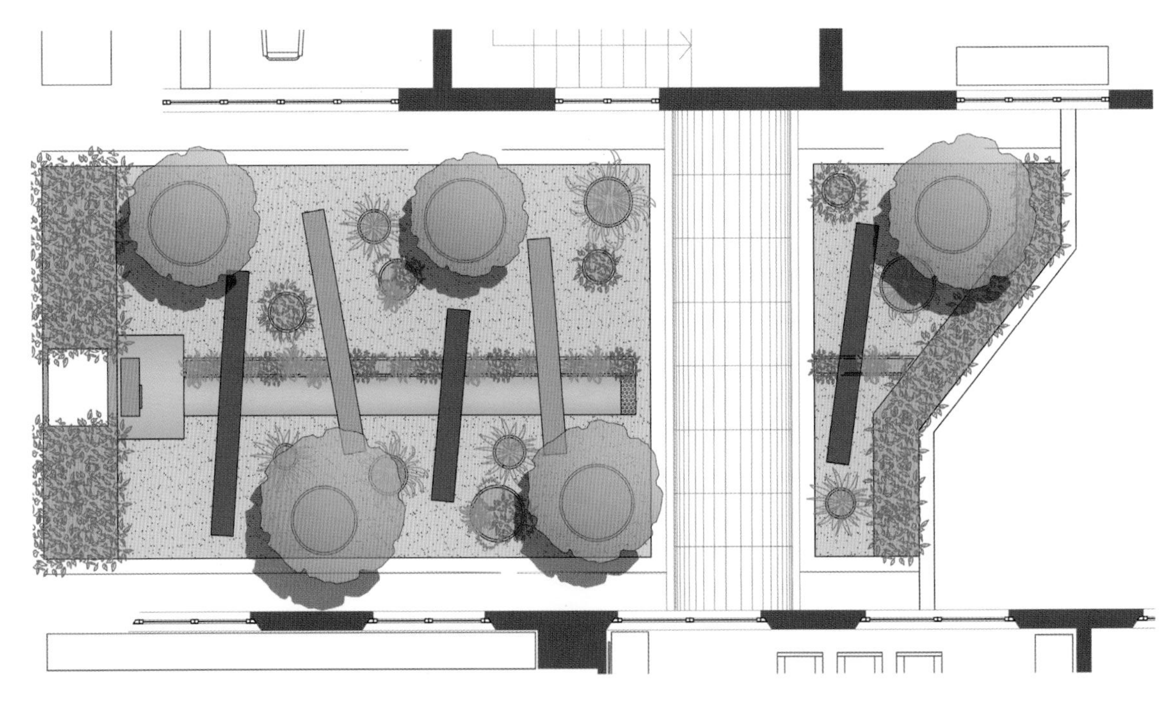

平面图

▲ 利用灰色金属板作为跨越中央河道的桥梁，同时可以扩大空间的维度。

在灰黑色的砾石铺装区中打造了一系列圆形凸起的种植槽，种有多种植物，一年四季开着不同的花，具有不一样的色彩和景象。▶

进入花园首先映入眼帘的是一个直立的喷泉，从喷泉处向外延伸打造了一条纵穿整个花园的小河，水流不停地流淌，声音不断地变化，都是吸引人们注意力的重要元素。为了扩大空间的维度，将一些长方形的金属板喷涂成淡雅的灰色，不规则地分布于花园的中央，作为跨越中央河道的桥梁。在灰黑色的砾石铺装中打造了一系列圆形的凸起种植槽，里面种植了不同的植物，犹如荒漠中的绿洲，一年四季具有不同的趣味。

在一楼可以欣赏到花园的全景，看到大小不一、高矮不同、错落有致的圆形种植槽随机分布于花园的各个角落，里面种了各种特色的植物。与随机的种植形式相对应的是贯穿河流上方的几条金属板，运用大胆的线条创造出一种特殊的节奏和韵律。

植物的生长习性不同，一些是向上生长的，一些是呈圆形生长的，进一步体现了空间的律动，可以让在高处俯瞰这里的人们感受到不同的层次。

花园被一条水渠一分为二，两侧种满了多年生植物。墙壁处打造了典雅的喷泉，成为花园的焦点。▼

▼ 经理办公室面对一个带金属凉棚的小露台，用于非正式的露天会议。在美丽的绿色环境中工作，可以提高效率。▲

主要植物列表

山茱萸
马兜铃枝孢
蜡瓣花
绣线菊
满天星
圆锥绣球“淡光”
圆锥绣球“莱瓦”
卫矛
桂竹
海桐
水仙
金银花
栀子花
野扇花
日本鸢尾
富贵草
淫羊藿
薹草
金丝桃
麦冬
长春花

在植物选择和配置上非常注重开花的连续性，有一些品种是鲜为人知的，当花儿绽放时充满芳香。开白花的植物比较多，淡雅而令人放松。从早春开始，马兜铃枝孢和蜡瓣花就开始开花了，紧接着开花的是毛茸茸的绣线菊和珍贵的日本鸢尾。再然后最引人注目的就是雅致的山茱萸，裸露的花苞很有特点。它们垂直向上生长，超过了花园的界限，将人们的目光吸引向天空。从夏季到晚秋，华丽迷人的圆锥绣球成为花园中的宝石，旁边还种了紫色的卫矛和满天星。到了冬季，植物不再繁茂，花园的几何线条和建筑外立面变得更加清晰，如此一年四季循环往复。

在这样和谐而美丽的环境中工作，与大自然亲密接触，可以令人心情愉悦，同时提高工作效率和表现力。这就是该项目的宗旨，通过花来促进员工不断进步。

◀ 植物特写。

花园效果图。▶

▼ 无数的小白花结合喷泉的流水，给人一种清新的感觉。水声和波光粼粼的水流吸引着人们驻足观看。

让人心境平和的日式庭院

项目名称：京都 Guest House 合庭
项目地点：日本，京都
项目面积：115 平方米

景观设计：松山造园
设计师：松山康彦
建筑设计师：B.L.U.E. 建筑工作室
摄影师：东芝亚娜

设计理念

这个地方曾经是町屋和原野的交界。此次设计的庭院是对之前庭院的一次改建，在调查的时候，我从原始庭院设计中读出了京都自古以来对于水的一种特殊情怀。但不幸的是，由于后来疏忽管理，庭院现在呈现一片荒芜的景象。于是我开始思考，如何给庭院带来新的生机。同时，在庭院的里侧还有一栋纳屋。像人们知道的那样，京都的住宅都十分狭小，但在如此狭小的空间条件下人们依然难以放下对于自然庭院的喜爱之心，于是便产生了这种在庭院里侧还单独设有一个分离的建筑的特殊形式——纳屋。这使得空间变得更有魅力。以上的这些认识，结合业主的考虑和需求，我便开始了此次的设计。

对于庭院的品质，说它是由“壁”（背景壁）和“地割”（土地分割使用的方法）决定的也不为过。所谓“壁” 就是背景，也包括之前提及的纳屋。而“地割”所指的，就是在庭院里设置的景观，比如这里的植物，那里的水流，远处的山石。在这个设计中，尊崇了传统茶道空间的设计思路——人们先进入建筑的内部空间，再出到中庭经过一段户外空间后再次进入建筑的内部空间。这样的设计并不是一下子就让人们进入到茶室，而是通过庭院的过渡，让人们感受到自然的气息，再进入茶室。这样一来，人们的心境就会平静而放松，慢慢地去品尝茶的味道。本来，为了大家能细细品味园林中的自然，设计了蜿蜒曲折的石板路，但考虑到住在这里的客人们能有着更方便的行走体验，路径设计采用了大块面的石板。

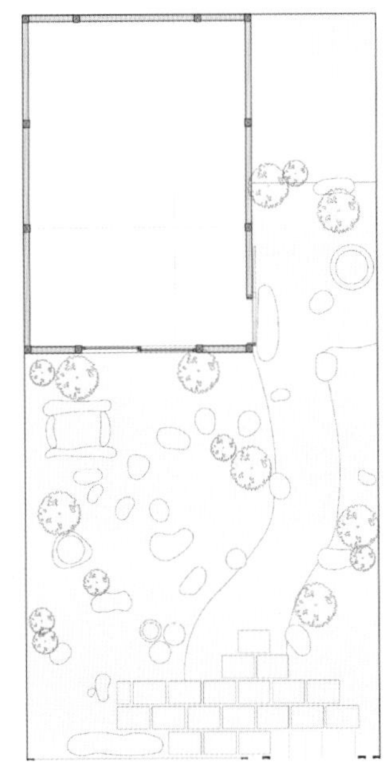

庭院平面图

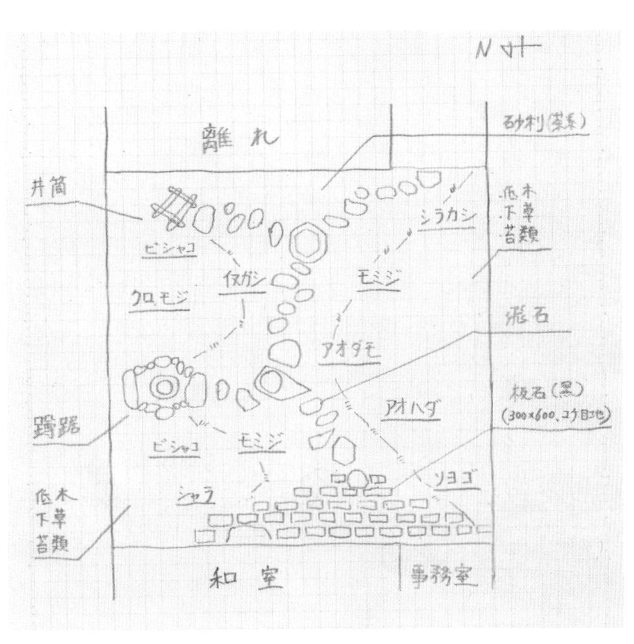

庭院布置手绘图

▲ 利用老石、古树和青苔等植物打造的日式庭院。

蜿蜒曲折碎石小路结合石板路铺装。 ▶

山石景观的设计，利用了庭院里原有的石头。庭院的趣味和建筑相比，在于岁月留下的痕迹。和商场里用钱可以买到的物品不同，庭院的魅力需要时间的打磨。一块老石，一棵古树，经过时间的熏染有了特殊的味道，有了一种日本人所欣赏的侘寂之美。这也顺应了日本传统的观念，珍视身边的物品并将它们传继给下一代的子孙。这种有着继承感的时光痕迹的庭院，其中意味会显得更加深邃。此次的设计正是怀着这样一个对时间的敬意之心，不仅有山石造型的悦动与韵律，还可以在庭院中读出时光的痕迹。给人们带来丰富的感官体验。

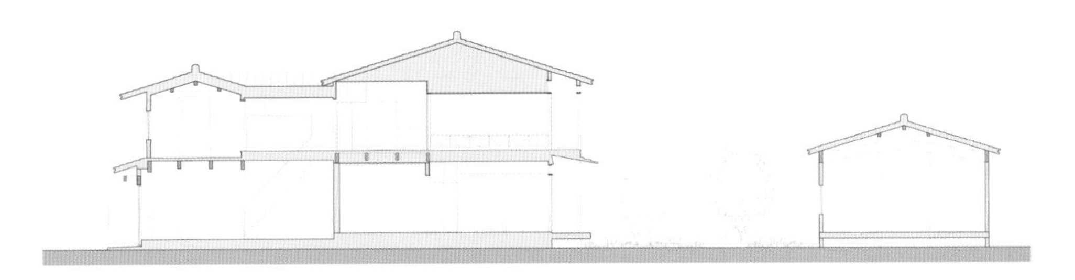

剖面图

庭院俯瞰图。▼

最后是白色的砂石——对川、河流的隐喻。民宿的名字就叫作 “在川”，所在的位置也是这个地方，而 “川” 本身也有境的含义，所谓 “境” 就是人与人相会的场所，而隐喻的水，又有着清澈自由、包罗万象的母性气质，将建筑、庭院和人串联在了一起，彼此有了更多的羁绊。

从室内看向庭院的景色。▶

充满欢乐气息的低维护屋顶花园

项目名称：克罗菲利亚幼儿园
项目地点：意大利，米兰
项目面积：300 平方米
景观设计：CM 绿色设计
设计师：克里斯蒂娜 · 马祖凯利（Cristina Mazzucchelli）
摄影师：克里斯蒂娜 · 马祖凯利（Cristina Mazzucchelli）

设计理念

这是位于米兰市中心的一所一流的幼儿园。屋顶花园的设计让人想再次回到童年，感受这里的奇妙与美丽。

这所幼儿园秉承着先进的儿童教育理念，取名为克罗菲利亚。从幼儿园名字可以看出他们对于花草的喜爱，他们希望打造一个最贴近大自然的花园。植物是教育类花园项目设计中的重要元素，因为自然环境是孩子们不可替代的老师。该项目通过打造一个悬空式的花园来实现这个目标，创造了一个充满欢乐的环境。花园中种满各种实用的植物，可以通过户外活动不断地刺激孩子们的感官，激发他们的兴趣和大脑的潜能。

这个悬空花园很宽敞，是面向 0~6 岁的儿童设计的，为他们提供了一个充满欢乐和感官刺激的户外空间。这里是孩子们玩耍的乐园，同时也是一个户外教学空间。这里是教室所在建筑屋顶的一部分，它的主要特点是有一排拱门，这是从以前的圆顶上遗留下来的。

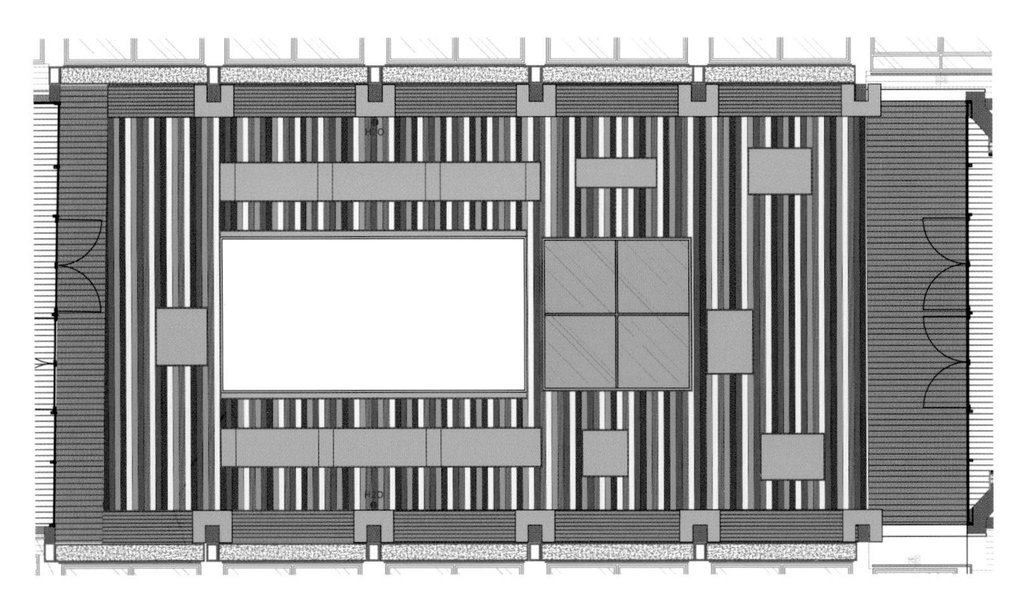

平面图

▲ 宽敞的空中花园提供了一个充满欢乐和刺激的空间，孩子们可以在树篱间玩耍和奔跑。

地面采用了一种低维护、耐压力的地板，犹如一块颜色柔和的地毯，可以令人心情愉悦，让孩子们可以自由玩耍或放松一下。 ▶

项目设计主要从其功能性出发，例如孩子们需要在这个空间中自由地活动。另外，还要保证花园在日常生活中易于维护。选择的植物品种有很多，主要是为了刺激儿童的感官感受，同时了解大自然。这里一年四季都开满各种鲜花，使空间充满趣味性。

在铺装上，没有选择使用草坪，因为草坪需要高维护，而且还容易被玩耍的孩子们踩扁，更不用说这里阳光不足的问题了。而是选择了一种低维护的耐压力地板，这是由复合木板制成的。通过一种特殊的铺装模式，打造出一种彩虹地毯的效果，可以给人带来愉悦的心情。

打造了一系列的种植槽和树篱，可以防止植物被孩子们践踏，同时为果树提供了良好的生长环境，为根系提供足够深的生长基质，保证根系的稳定性。将种植的土壤基质抬高到合适的高度，让置于其中的孩子们不断观察，感受到自己被大自然包围。

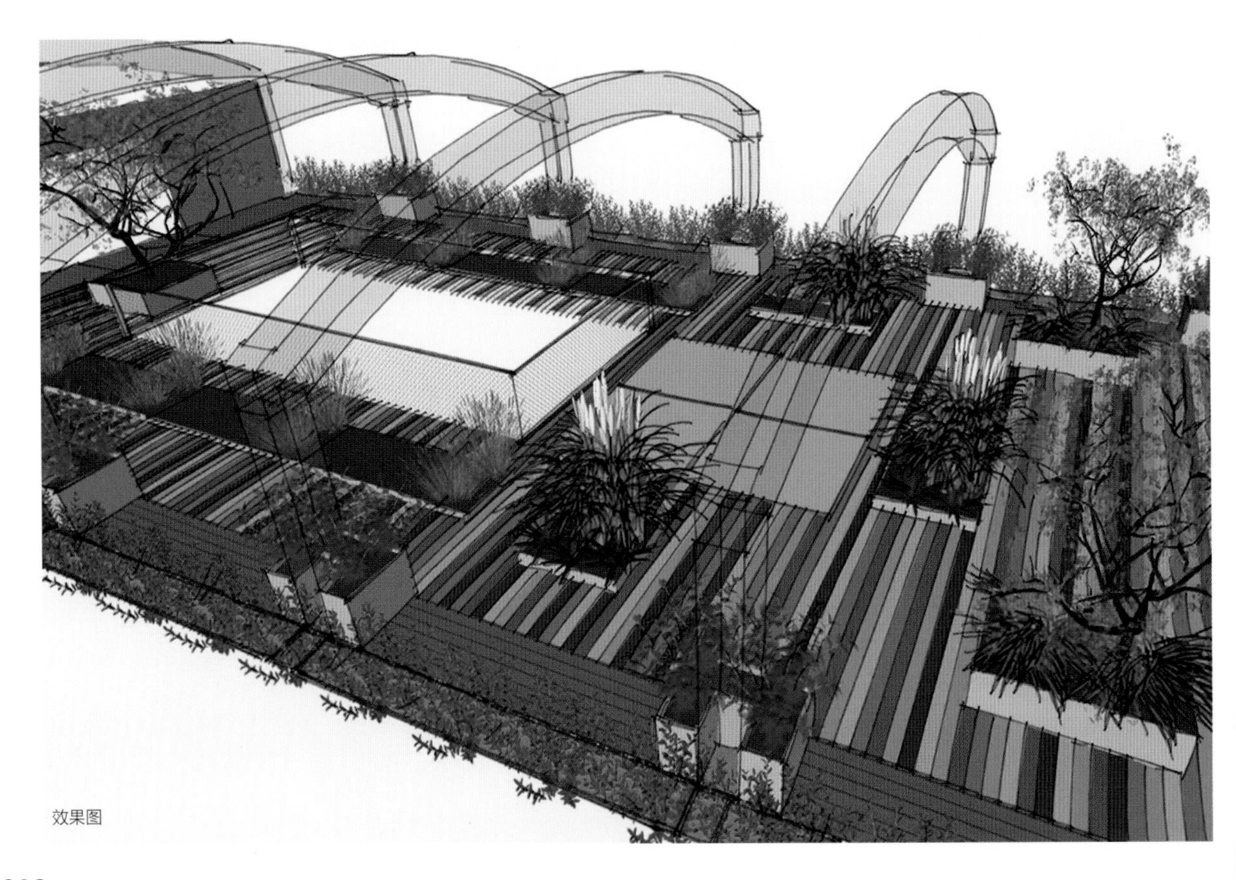

效果图

中心区域采用玻璃瓷砖铺装，使用了防震和防踏的蓝色玻璃，使这里变成一个游乐场;相邻的透明钢网围栏可以防止儿童掉到下面的内庭。在围栏下方种植了一些向下生长的植物，犹如一个绿色的帐篷，在内庭的一楼也可以看到。最后还在两侧打造了两个蔬菜园，老师们可以在这里授课，让孩子们了解更多蔬菜知识，同时生产的新鲜水果和蔬菜也可以作为厨房的原料。

种植槽的四周种着充满芳香的植物，柔软而毛茸茸的叶子，使整个场景充满了动感，并让人从嗅觉、视觉和触觉上都能感受到刺激。远处的棚架上种着茉莉花，可以防止孩子们碰到灯光装置。拱门上爬满了加拿大藤蔓植物，创造了一种充满节奏和诗意的场景。

▼ 在线形的菜园里，为了保护脚而稍微抬高了种植床。可以作为上课场所，还可以为附属厨房生产水果和蔬菜。上方的拱形架被藤蔓植物缠绕，创造了一种充满诗意的景象。

这里没有种植根系发达的植物，因为有可能会破坏屋顶的绝缘层，这样就有足够的空间来种植更多的多年生草本植物，因为无毒，还可以手工采摘。这些植物易于维护，又适合这里的基质，同时还打造了一片花海。

从配色上看，主要采用了蓝色、天蓝色、紫色和灰色。利用这些色彩的搭配打造出明亮和谐的环境，可以刺激儿童的视觉，让他们的眼睛得到放松。

通过各种花草和色彩的搭配，打造了一个像焰火一样热烈而美丽的空间，吸引孩子们在花丛中和树篱间奔跑玩耍。

抬高种植槽的高度，让孩子们可以观察各种植物，被各种植物的叶子和花包围。▼

花园中种满了多种特色植物。▲

▼ 中心区域采用玻璃瓷砖铺装，使用了防震和防踏的蓝色玻璃，使这里变成一个游乐场。 这里也是孩子们到达餐厅前的重要区域。

主要植物列表

欧楂
油橄榄
欧洲酸樱桃
莓实树
马齿苋
黄栌
艾维伊凤眼莲
菲油果
圆锥绣球
中裂桂花
欧洲冬青
爱心榕
缬草
野扇花
绣线菊
百子莲
百子莲蓝色风暴
藿香
山韭
杂交银莲花
紫菀
拂子茅
荆芥新风轮菜

窄叶薹草
蓝雪花
小盼草
溲疏
草莓
猫须草
矮滨菊
蛇鞭菊
禾叶山麦冬
紫花荆芥
多育耳蕨
亮叶金花菊
卡拉多那鼠尾草
药用鼠尾草
香薄荷
多肉球叶万年青
桂竹
细茎针茅
百里香
小蔓长春花
蔓长春花
爬山虎威奇
络石藤

芳香的植物，柔软的质地或略带毛茸茸的叶子，花朵与地板的色调相匹配。这些植物为孩子们创造出强烈的嗅觉、视觉和触觉上的刺激。

利用树与桌的结合打造户外学习交流空间

项目名称： 树桌花园
项目地点： 中国，上海
项目面积： 300 平方米
景观设计： 上海大观景观设计
设计师： 杨晓青
摄影师： 上海大观景观设计

设计理念

树桌花园改造前是位于综合楼与教学楼之间的一片正方形小绿地，虽然地处学校中心部位，但却十分封闭，其中的植物经过多年生长过于杂乱，几乎无法进入。改造最大限度地消除了这片花园与四周的隔离，建立了室内室外一体化的空间体系，师生们可以自由地从各个方向无障碍地进入。

花园中保留了原有的 11 棵大树并设置了维护，并架构出 4 组自由流线型的桌面，飘浮交错在大树之间，形成绿荫下的树桌。桌面上还内置了花草盆景，创造出与树为邻的学习交流空间。树桌的长度参考了一个普通班级所有课桌长度的总和，能够提供一堂特别的室外课程。由于与一楼入口大厅相连，也可满足学校举行一些非正式的、轻松的小型交流活动。

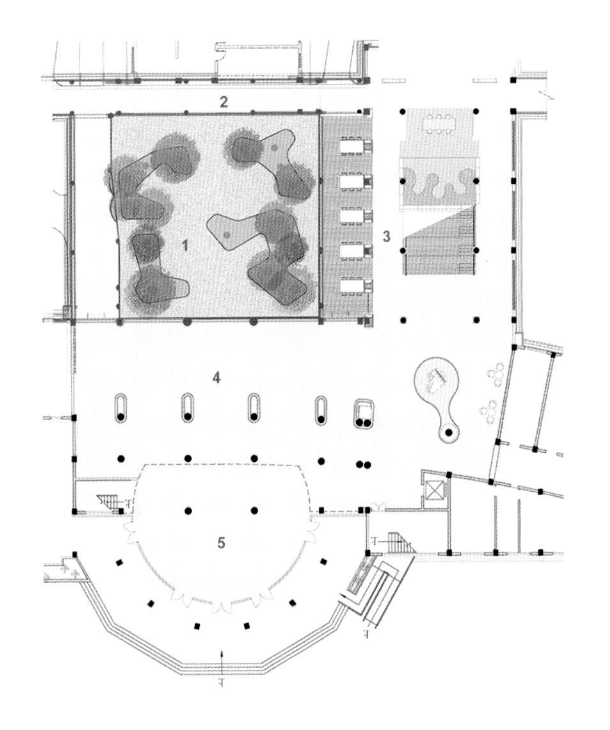

场地平面图
1. 树桌花园
2. 走廊（从体育场到食堂）
3. 学习空间
4. 展览大厅
5. 入口大厅

▲ 开放自由的空间。

改造前后对比图。▶

改造后的花园，采用了全通透的设计，四周均可进入，内部也能停留。综合楼一楼入口大厅内与对面的教学楼的视线联系被建立起来，校园空间的整体感得到显著提升。

新的花园以树木和桌子为主要元素，被称为树桌花园。保留的 11 棵树都是非常普通的品种，一点儿都不名贵。但是经过多年的生长，已经形成了绿意盎然的上层覆盖，延续这个元素，也是在延续校园的记忆，同时也是对绿色的尊重。

花园空间延伸到外围的走廊空间，室内空间与庭院完全融为一体。▼

作为整个花园最重要元素的树桌，看似自由随机的外形，实际上也是分析推导出的。

规模按照一个 40 人班级的课桌尺度演变而来。

定位依照树干点位环绕放置。

间距与空隙则与周边建筑接口与通道对接。

树桌推导过程图

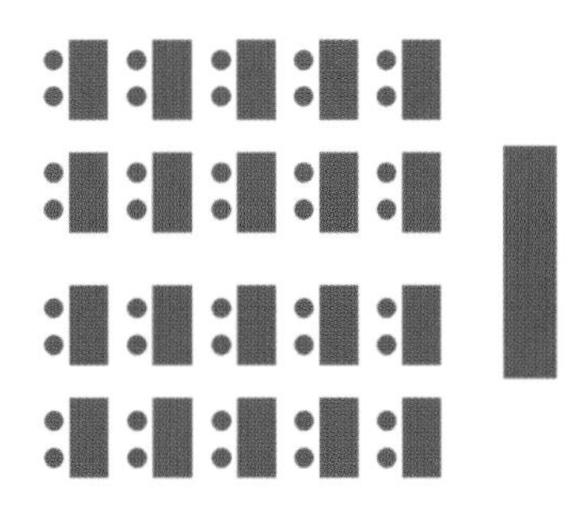

常规

组合

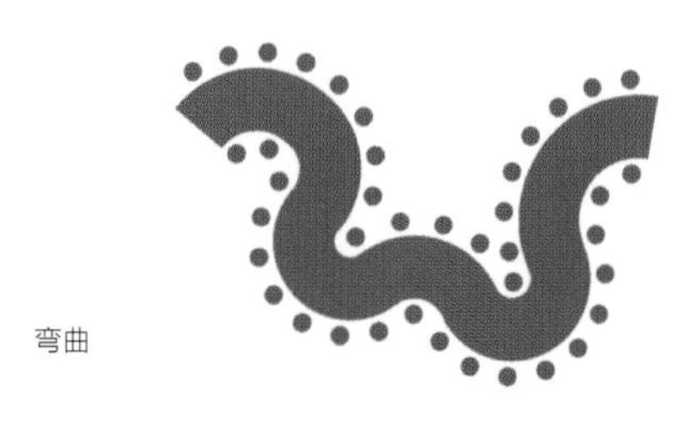

弯曲

拆分

为了防止在暴雨期间雨水溢流到室内空间，在花园周围使用细长的排水渠，以带走过多的雨水。▲

树桌花园带来了第一处室外的非正式学习空间。与室内或半室内空间比起来，这里拥有更开放的环境氛围，有更便捷的步行体验和更绿色的自然景观。树桌花园鼓励老师和学生们自由使用，拓展出原有花园所不具备的功能。

在平常，树桌花园是一片绿色的充满诗意的存在，安静地陪伴着老师和学生们，当多种活动融入，这里瞬间成为充满活力的校园中心。树桌花园没有围栏，没有出入口，没有固定的座位，也没有烦琐的使用规则，有的只是尺度适宜的台面和平整的场地空间，鼓励各种充满想象力的多样化使用。

和雨水花园类似，除了保留所有原生树外，树桌花园也采用了全透水地面的生态设计，雨水可以全部渗入地下，同时也减少地面湿滑。考虑到建筑内外平接的地坪，为防止暴雨期间雨水倒灌入室内，全区采用了线形排水系统。

树桌展示。▶

▼ 室内外的衔接。

整体打开后，通过交通空间的置换合并，拓展出书架和工作台组成的非正式学习空间，以满足更多学生的使用需求。

对比 2015 年的花园和 2018 年的树桌花园，上层的绿化覆盖几乎一样，甚至更茂盛了些。然而下层空间却由缺少互动的图案型绿地转换为充满活力的友好型空间。其中的改与不改，变与不变，很好地传递出空间有机更新的要义。

◀ 过渡空间。

▲ 学生们可以在树桌花园学习、开派对、▶ 做科学实验及休闲游戏等。

日式风格的私人会所
庭院设计

项目名称： 栖山庭
项目地点： 中国，深圳
项目面积： 600 平方米

景观设计： 七月合作社
设计师： 康恒、叶钊、郑海洲
摄影师： 陈颢

设计理念

庭园是富有生命的造型艺术，在继承传统技法与精神的基础上，随着时代而变化。我们认为，在这个追求自然与美的时代，庭园的作用不仅仅是将大自然的清新之感带入城市之中，更重要的是在人们日常生活栖息的空间里，制造一个富有生机的，可以感受不同生命力的场所，使之成为人与自然的连接。

此次的项目坐落在深圳的一栋现代风格的建筑内，整栋大厦是当地商业集团的私人会所所在地。项目由 6 个庭院组成，分别位于 B2 层，B1 层，一层，二层，三层，四层。在设计概念上，每一层的庭院围绕着 “漫步山林” 的主题进行了不同风格和氛围的设计尝试，融合了室内外的空间特点，给予使用者宛如游览于山林之间般的庭院体验。

概念图

“漫步山林”的过程	不同层次的庭院空间	不同的景色	庭院空间氛围
会当凌绝顶			四层庭院：超逸洗练的静思空间
天光云影			三层庭院：旷达精神的眺望空间
林中小憩			二层庭院：疏野闲适的休憩空间
寻幽探胜			一层庭院：清爽明朗的迎接空间
山林叠泉			B1 层庭院：深邃幽静的观赏空间
潜入山谷			B2 层庭院：清新舒畅的步入空间

一层庭院景观。▶

B2 层庭院

从空间功能上考虑，B2 层是会所的餐厅所在地，需要一个幽静的景观来制造明亮、畅快、舒心的用餐环境。

挺拔的罗汉松与散落的石组，嵌入露天室外空间的铺装中，透过室内宽大的玻璃窗观赏，石头的坚韧，树干的挺拔与苔藓的柔软相互交融，绘成一幅生机勃勃的框景，给人以眺望远处山林般的清新与自然。

徜徉其中，仿佛穿行于松林之中。阳光洒落，斑驳的树影令人忍不住驻足欣赏。

◀ B2 层庭院内景。

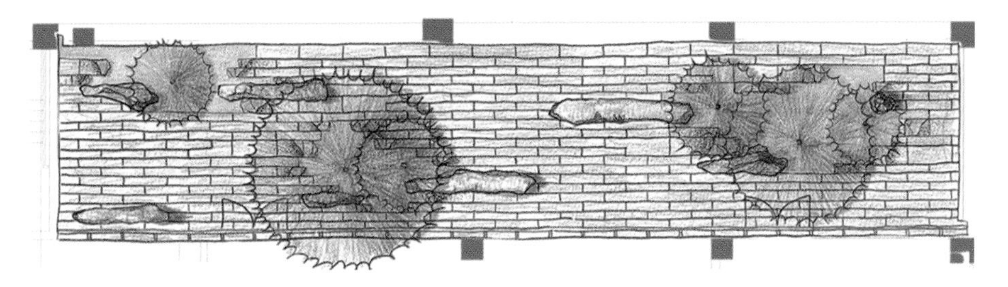

B2 层庭院平面图

B2 层庭院效果图

▼ 从玻璃窗外欣赏 B2 层庭院。

B1 层庭院

B1 层为会所的健身室。潺潺流水声和自然风格的景象让人觉得仿佛来到了森林里的静谧之地，在人们运动时为其带来轻松舒畅的空间体验。

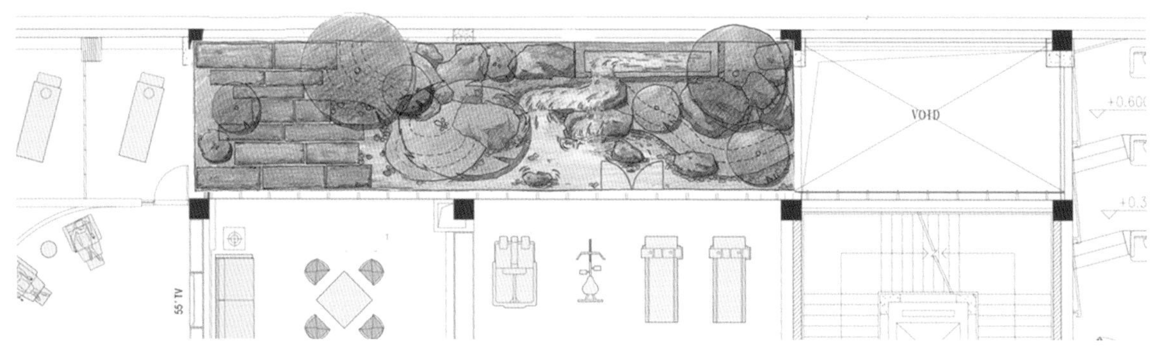

B1 层庭院平面图

B1 层庭院内景。▼

健身室面向的是庭院的主景。建筑原墙体留下的落水口被设计成庭院的水源源头，石质水槽将流水缓缓引入到庭院主景的视觉中心。流水穿过瀑布石组间隙，激荡在自然落水石上形成潺潺流水声，落入石板上分成两股水流慢慢溢入水池之中。瀑布两旁是造型各异的植物，石组和植物交相辉映，不仅给人以丰富的视觉享受，同时也代表着力量与柔情的结合。

室外部分在铺装上使用了大块的石条，为空间增添了几分厚重之感。同时，整齐排列的石条也是视线上的引导者，指引室内观赏者透过植物的缝隙，将目光落在若隐若现的水景之上。

B1 层效果图

从玻璃窗外欣赏 B1 层庭院。

一层庭院

一层是会所的主入口，是迎接来客的主要空间。已经建成的会所建筑立面简洁现代，所以整个庭院在设计风格上采用沉稳的铺装和雕塑化的石组与之呼应。

利用现场存在的地形高差，在大门与入口平台之间设计了石质台阶。台阶边通过雕塑化处理的景石挡土，堆坡消化现场存在的高差问题。黑松与景石的搭配营造出一种迎客的空间氛围。来访者进入到入户庭院之中，穿过平整、简洁的前院通道，步入会所。

◀ 一层入口处景观。

入口右侧是现代简约的景观岛屿，左侧是可以进入休憩停留的乱拼平台。不同材质的结合丰富了空间元素，使得入口空间生动而有活力。同时，平整的花岗岩景石也为观赏者提供了休憩点。

一层效果图

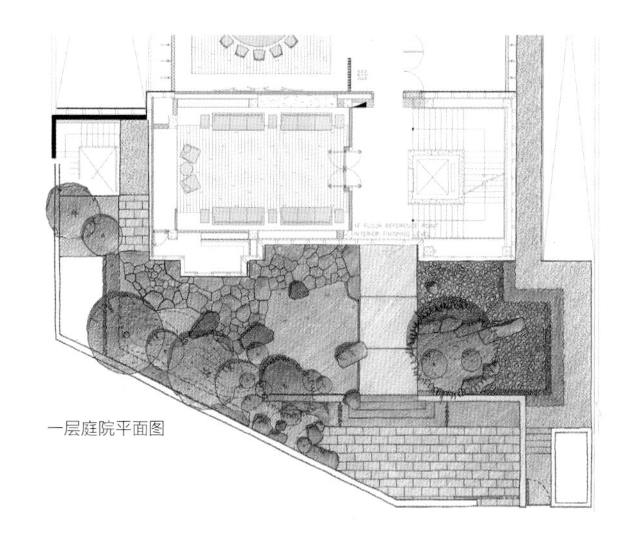

一层庭院平面图

▼ 一层庭院景观。

二层庭院

二层庭院对应的室内空间是一家日式餐厅。结合空间主题，庭院整体呈对角线布置，制造景观深度，仿佛是要将山中行人引入丛林静谧处，舀一勺清泉，品一壶茶，稍做歇息。

庭院入口处是用黄锈石材组成的乱拼平台，平台的尽头是一条由自然河石组成的汀步。随着汀步小路向里望去，视线深处是一组自然石蹲踞，古朴蹲踞造型与周围的灌木互相衬映，构成一组自然、雅致的景观小品。

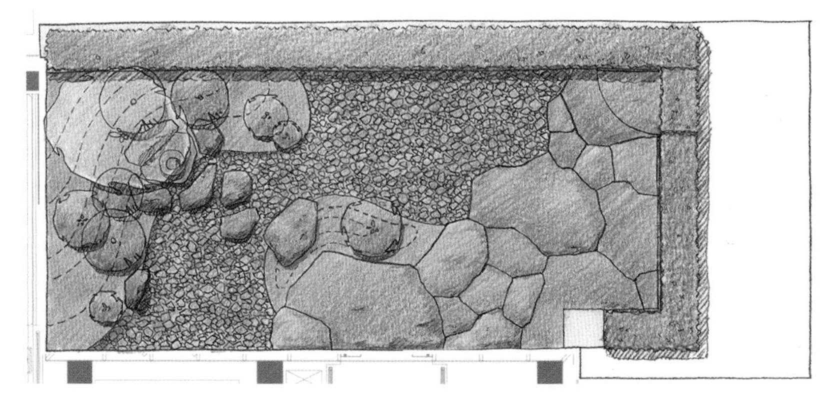

二层庭院平面图

二层庭院景观。▼

二层庭院景观。▶

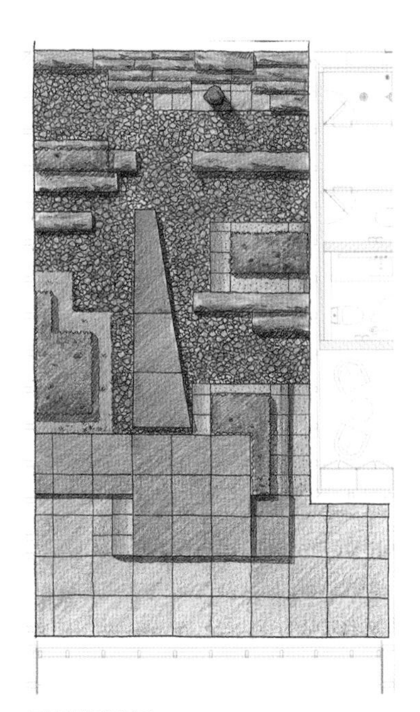

三层庭院平面图

三层庭院

三层庭院对应的室内空间是会所的起居室。根据庭院所处的空间特点，用低矮的景观进行点缀，意在与远处自然景象相融合，开阔视野，为观赏者带来心旷神怡之感。

庭院入口由芝麻灰石材铺装组成，看似简单的铺装表面面层实际上经过不同的工艺处理，呈现出不一样的纹路。步入庭院中，几何造型的眺望平台仿佛是飘浮在碎石之上，增添了空间里观景的仪式感。顺着平台的指向，人们忍不住将目光望向远处。 院中的黄锈石条表情各异，错落有致地摆放使其与天边三三两两悬浮着的云朵遥相呼应。

三层庭院景观。▼

四层庭院

四层庭院对应的室内空间是会所的起居室。这里是会所的顶层，在景观表达上，干净利落的石质造型简单而又大气，为屋顶空间增添几分象征意味。几何形状的运用，让开阔的屋顶平台在视线上有了焦点，不经意地将观景的随意性整合出几分仪式感。

不同石材的铺装丰富了平台地面的纹理，由芝麻黑、芝麻灰和芝麻白石材组成的清冷色彩强调了空间内的这份简洁与肃穆。造型平整的石凳为使用者提供了舒适的休憩空间，打磨光滑的石凳表面倒映着周围自然律动的光景。不远处的黄锈石自然造型的景石是空间里别样的点缀，为整个平台增添了一丝恰到好处的灵动与活力。

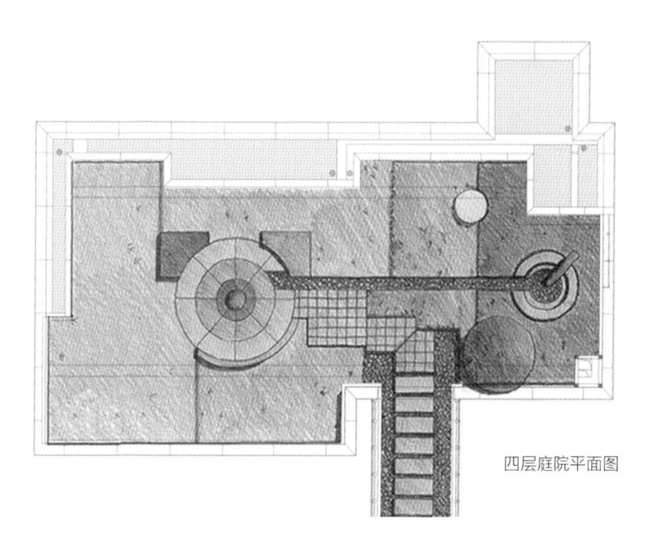

四层庭院平面图

四层庭院景观。

图书在版编目（CIP）数据

小尺度景观设计 / （意）克里斯蒂娜·马祖凯利主编；李婵，杨莉译．— 沈阳：辽宁科学技术出版社，2021.7
ISBN 978-7-5591-1850-9

Ⅰ．①小… Ⅱ．①克… ②李… ③杨… Ⅲ．①景观设计 Ⅳ．①TU983

中国版本图书馆 CIP 数据核字（2020）第 200842 号

出版发行：辽宁科学技术出版社
（地址：沈阳市和平区十一纬路 25 号 邮编：110003）
印 刷 者：上海利丰雅高印刷有限公司
经 销 者：各地新华书店
幅面尺寸：190mm×250mm
印　　张：14.5
插　　页：4
字　　数：290 千字
出版时间：2021 年 7 月第 1 版
印刷时间：2021 年 7 月第 1 次印刷
责任编辑：李　红
版式设计：何　萍
责任校对：韩欣桐

书 号：ISBN 978-7-5591-1850-9
定 价：168.00 元

编辑电话：024-23280070
邮购热线：024-23284502
E-mail: mandylh@163.com